· The Origin of Continents and Oceans ·

魏格纳的数学、物理学和其他自然科学的天赋能力是很一般的，但他对事物敏锐的洞察力和非凡的预见性，还有研究的逻辑判断能力，使他能把与他思想有关的每一件事正确地组合起来。

——冯特

（德国天文学家）

《海陆的起源》这部划时代著作的诞生表明，魏格纳已经从可怕的战争景象中培育起来的狭隘民族主义中完全解放出来了。

——贝多夫

（魏格纳的挚友）

科学元典丛书·学生版

The Series of the Great Classics in Science

主　　编　任定成

执行主编　周雁翎

策　　划　周雁翎

丛书主持　陈　静　张亚如

　　科学元典是科学史和人类文明史上划时代的丰碑，是人类文化的优秀遗产，是历经时间考验的不朽之作。它们不仅是伟大的科学创造的结晶，而且是科学精神、科学思想和科学方法的载体，具有永恒的意义和价值。

科学元典丛书·学生版

海陆的起源

·学生版·

（附阅读指导、数字课程、思考题、阅读笔记）

[德] 魏格纳 著　李旭旦 译

北京大学出版社
PEKING UNIVERSITY PRESS

图书在版编目(CIP)数据

海陆的起源：学生版/（德）魏格纳著；李旭旦译.—北京：北京大学出版社，2021.4
（科学元典丛书）
ISBN 978-7-301-31964-2

Ⅰ.①海… Ⅱ.①魏…②李… Ⅲ.①大地构造—青少年读物②大陆漂移—青少年读物 Ⅳ.①P541-49

中国版本图书馆 CIP 数据核字（2021）第 006141 号

书　　　　名	海陆的起源（学生版）
	HAILU DE QIYUAN（XUESHENG BAN）
著作责任者	［德］魏格纳 著　李旭旦 译
丛 书 主 持	陈　静　张亚如
责 任 编 辑	李淑方
标 准 书 号	ISBN 978-7-301-31964-2
出 版 发 行	北京大学出版社
地　　　　址	北京市海淀区成府路 205 号　　100871
网　　　　址	http://www.pup.cn　新浪微博:@北京大学出版社
微信公众号	科学元典（微信公众号：kexueyuandian）
电 子 信 箱	zyl@pup.pku.edu.cn
电　　　　话	邮购部 010-62752015　发行部 010-62750672
	编辑部 010-62767857
印 　刷 　者	北京中科印刷有限公司
经 销 者	新华书店
	787 毫米×1092 毫米 32 开本 7.125 印张 100 千字
	2021 年 4 月第 1 版　2021 年 4 月第 1 次印刷
定　　　　价	38.00 元

弁　言

Preface to the Series of the Great Classics in Science

任定成

中国科学院大学　教授

一

改革开放以来，我国人民生活质量的提高和生活方式的变化，使我们深切感受到技术进步的广泛和迅速。在这种强烈感受背后，是科技产出指标的快速增长。数据显示，我国的技术进步幅度、制造业体系的完整程度，专利数、论文数、论文被引次数，等等，都已经排在世界前列。但是，在一些核心关键技术的研发和战略性产品的生产方面，我国还比较落后。这说明，我国的技术进步赖以依靠的基础研究，亟待加强。为此，我国政府和科技界、教育界以及企业界，都在不断大声疾呼，要加强基础研究、加强基础教育！

那么，科学与技术是什么样的关系呢？不言而喻，科学是根，技术是叶。只有根深，才能叶茂。科学的目标是发现新现象、新物质、新规律和新原理，深化人类对世界的认识，为新技术的出现提供依据。技术的目标是利用科学原理，创造自然界原本没有的东西，直接为人类生产和生活服务。由此，科学和技术的分工就引出一个问题：如果我们充分利用他国的科学成果，把自己的精力都放在技术发明和创新上，岂不是更加省力？答案是否定的。这条路之所以行不通，就是因为现代技术特别是高新技术，都建立在最新的科学研究成果基础之上。试想一下，如果没有训练有素的量子力学基础研究队伍，哪里会有量子技术的突破呢？

那么，科学发现和技术发明，跟大学生、中学生和小学生又有什么关系呢？大有关系！在我们的教育体系中，技术教育主要包括工科、农科、医科，基础科学教育主要是指理科。如果我们将来从事科学研究,毫无疑问现在就要打好理科基础。如果我们将来是以工、农、医为业,现在打好理科基础,将来就更具创新能力、发展潜力和职业竞争力。如果我们将来做管理、服务、文学艺术等看似与科学技术无直接关系的工作,现在打好理科基础,就会有助于深入理解这个快速变化、高度技术化的社会。

我们现在要建设世界科技强国。科技强国"强"在哪里?不是"强"在跟随别人开辟的方向,或者在别人奠定的基础上,做一些模仿性的和延伸性的工作,并以此跟别人比指标、拼数量,而是要源源不断地贡献出影响人类文明进程的原创性成果。这是用任何现行的指标,包括诺贝尔奖项,都无法衡量的,需要培养一代又一代具有良好科学素养的公民来实现。

二

我国的高等教育已经进入普及化阶段,教育部门又在扩大专业硕士研究生的招生数量。按照这个趋势,对于高中和本科院校来说,大学生和硕士研究生的录取率将不再是显示办学水平的指标。可以预期,在不久的将来,大学、中学和小学的教育将进入内涵发展阶段,科学教育将更加重视提升国民素质,促进社会文明程度的提高。

公民的科学素养,是一个国家或者地区的公民,依据基本的科学原理和科学思想,进行理性思考并处理问题的能力。这种能力反映在公民的思维方式和行为方式上,而不是通过统计几十道测试题的答对率,或者统计全国统考成绩能够表征的。一些人可能在科学素养测评卷上答对全部问题,但经常求助装神弄鬼的"大师"和各种迷信,能说他们的科学素养高吗?

曾经,我们引进美国测评框架调查我国公民科学素养,推动"奥数"提高数学思维能力,参加"国际学生评估项目"(Programme for International Student Assessment,简称PISA)测试,去争取科学素养排行榜的前列,这些做法在某些方面和某些局部的确起过积极作用,但是没有迹象表明,它们对提高全民科学素养发挥了大作用。题海战术,曾经是许多学校、教师和学生的制胜法宝,但是这个战术只适用于衡量封闭式考试效果,很难说是提升公民科学素养的有效手段。

为了改进我们的基础科学教育,破除题海战术的魔咒,我们也积极努力引进外国的教育思想、教学内容和教学方法。为了激励学生的好奇心和学习主动性,初等教育中加强了趣味性和游戏手段,但受到"用游戏和手工代替科学"的诟病。在中小学普遍推广的所谓"探究式教学",其科学观基础,是 20 世纪五六十年代流行的波普尔证伪主义,它把科学探究当成了一套固定的模式,实际上以另一种方式妨碍了探究精神的培养。近些年比较热闹的 STEAM 教学,希望把科学、技术、工程、艺术、数学融为一体,其愿望固然很美好,但科学课程并不是什么内容都可以糅到一起的。

在学习了很多、见识了很多、尝试了很多丰富多彩、眼花缭乱的"新事物"之后,我们还是应当保持定力,重新认识并倚重我们优良的教育传统:引导学生多读书,好读书,读好书,包括科学之书。这是一种基本的、行之有效的、永不过时的教育方式。在当今互联网时代,面对推送给我们的太多碎片化、娱乐性、不严谨、无深度的瞬时知识,我们尤其要静下心来,系统阅读,深入思考。我们相信,通过持之以恒的熟读与精思,一定能让读书人不读书的现象从年轻一代中消失。

三

科学书籍主要有三种:理科教科书、科普作品和科学经典著作。

教育中最重要的书籍就是教科书。有的人一辈子对科学的了解,都超不过中小学教材中的东西。有的人虽然没有认真读过理科教材,只是靠听课和写作业完成理科学习,但是这些课的内容是老师对教材的解读,作业是训练学生把握教材内容的最有效手段。好的学生,要学会自己阅读钻研教材,举一反三来提高科学素养,而不是靠又苦又累的题海战术来学习理科课程。

理科教科书是浓缩结晶状态的科学,呈现的是科学的结果,隐去了科学发现的过程、科学发展中的颠覆性变化、科学大师活生生的思想,给人枯燥乏味的感觉。能够弥补理科教科书欠缺的,首先就是科普作品。

学生可以根据兴趣自主选择科普作品。科普作品要赢得读者，内容上靠的是有别于教材的新材料、新知识、新故事；形式上靠的是趣味性和可读性。很少听说某种理科教科书给人留下特别深刻的印象，倒是一些优秀的科普作品往往影响人的一生。不少科学家、工程技术人员，甚至有些人文社会科学学者和政府官员，都有过这样的经历。

当然，为了通俗易懂，有些科普作品的表述不够严谨。在讲述科学史故事的时候，科普作品的作者可能会按照当代科学的呈现形式，比附甚至代替不同文化中的认识，比如把中国古代算学中算法形式的勾股关系，说成是古希腊和现代数学中公理化形式的"勾股定理"。除此之外，科学史故事有时候会带着作者的意识形态倾向，受到作者的政治、民族、派别利益等方面的影响，以扭曲的形式出现。

科普作品最大的局限，与教科书一样，其内容都是被作者咀嚼过的精神食品，就失去了科学原本的味道。

原汁原味的科学都蕴含在科学经典著作中。科学经典著作是对某个领域成果的系统阐述，其中，经过长时间历史检验,被公认为是科学领域的奠基之作、划时代里程碑、为人类文明做出巨大贡献者,被称为科学元典。科学元典是最重要的科学经典,是人类历史上最杰出的科学家撰写的,反映其独一无二的科学成就、科学思想和科学方法的作品,值得后人一代接一代反复品味、常读常新。

科学元典不像科普作品那样通俗,不像教材那样直截了当,但是,只要我们理解了作者的时代背景,熟悉了作者的话语体系和语境,就能领会其中的精髓。历史上一些重要科学家、政治家、企业家、人文社会学家,都有通过研读科学元典而从中受益者。在当今科技发展日新月异的时代,孩子们更需要这种科学文明的乳汁来滋养。

现在,呈现在大家眼前的这套"科学元典丛书",是专为青少年学生打造的融媒体丛书。每种书都选取了原著中的精华篇章,增加了名家阅读指导,书后还附有延伸阅读书目、思考题和阅读笔记。特别值得一提的是,用手机扫描书中的二维码,还可以收听相关音频课程。这套丛书为学习繁忙的青少年学生顺利阅读和理解科学元典，提供了很好的入门途径。

四

据 2020 年 11 月 7 日出版的医学刊物《柳叶刀》第396 卷第 10261 期报道，过去 35 年里，19 岁中国人平均身高男性增加 8 厘米、女性增加 6 厘米，增幅在 200 个国家和地区中分别位列第一和第三。这与中国人近 35 年营养状况大大改善不无关系。

一位中国企业家说，让穷孩子每天能吃上二两肉，也许比修些大房子强。他的意思，是在强调为孩子提供好的物质营养来提升身体素养的重要性。其实，选择教育内容也是一样的道理，给孩子提供高营养价值的精神食粮，对提升孩子的综合素养特别是科学素养十分重要。

理科教材就如谷物，主要为我们的科学素养提供足够的糖类。科普作品好比蔬菜、水果和坚果，主要为我们的科学素养提供维生素、微量元素和矿物质。科学元典则是科学素养中的"肉类"，主要为我们的科学素养提供蛋白质和脂肪。只有营养均衡的身体,才是健康的身体。因此,理科教材、科普作品和科学元典,三者缺一不可。

长期以来,我国的大学、中学和小学理科教育,不缺"谷物"和"蔬菜瓜果",缺的是富含脂肪和蛋白质的"肉类"。现在,到了需要补充"脂肪和蛋白质"的时候了。让我们引导青少年摒弃浮躁,潜下心来,从容地阅读和思考,将科学元典中蕴含的科学知识、科学思想、科学方法和科学精神融会贯通,养成科学的思维习惯和行为方式,从根本上提高科学素养。

我们坚信,改进我们的基础科学教育,引导学生熟读精思三类科学书籍,一定有助于培养科技强国的一代新人。

2020 年 11 月 30 日

北京玉泉路

目　　录

下篇　学习资源

上　篇

阅读指导

Guide Readings

炼成坚强的意志

彭立红　　刘平宇

中国地质科学院

1880 年 11 月 1 日，魏格纳（Alfred Lothar Wegener）出生于德国柏林，父亲是一位神学博士，同时是一个孤儿院的院长。在父亲的严格培养下，魏格纳养成了吃苦耐劳、坚忍不拔的性格。魏格纳从小喜欢冒险，他心中崇拜的偶像是英国著名探险家约翰·富兰克林，他梦想有朝一日能像富兰克林那样去北极探险。

魏格纳在青少年时期虽然勤奋好学，但学习成绩平平，在大学里做科研也谈不上出类拔萃。1905 年，25 岁的魏格纳获得了柏林洪堡大学天文学方向的博士学位。毕业后，他起初研究天文学，但内心对气象学和地质学更感兴趣。没有料到的是，当他跨进地质学研究的大门时,由于专业偏见,他提出的一些观点并不被地质学界认可,甚至经常被嘲笑。当时的地质学界认为他不是地质学科班出身,而是半路出家,只有"半瓢水",并不看好他。然而,魏格纳恰恰是在这个跨越专业的领域,出人意料地取得了划时代的成就。

魏格纳学生时代的密友、后来成为天文学家的冯特,写过许多关于魏格纳的文章,其中谈到了魏格纳的天赋才能及品质特征。他曾经精辟地指出,尽管魏格纳的数学、物理学和其他自然科学的天赋很一般,然而他却有能力充分运用这些知识去达到自己所追求的目标。另一方面,就是他对事物敏锐的洞察力和非凡的预见性,还有严谨的逻辑判断能力,使他能把与他思想有关的每一件事正确地组合起来。尤其突出的是,魏格纳具有科学大师身上常见的自信心和进取心、勤奋和勇气。

从下面的例子即可见一斑。魏格纳从小就梦想去极地探险,这需要良好的身体素质。然而他从小身体就不够健壮,尤其是耐久力较差。为了克服这个弱点,他每年都制订严格的训练计划,进行近乎残酷的斯巴达式训练。整个冬天他都去崎岖的雪地练习滑雪,为极地探险做预备训练,就连刮暴风雪的日子也不例外。

　　大学毕业前两年的冬天,魏格纳常去拜访住在附近山顶上一所小型气象观测站的朋友。他每次都是滑雪前往。路线一旦确定,就不管路上是多么崎岖不平、寒风刺骨,他总是奋力前往,摔倒了再爬起来,直至到达目的地,方才罢休。

　　长期严格的雪地训练,使魏格纳练就了强健的体魄和极地科考所需的技能,为他日后的极地探险和科考打下了良好的基础。

战场上诞生的划时代著作

彭立红　　刘平宇

中国地质科学院

1914 年夏天,第一次世界大战爆发,魏格纳被征召入伍。战场上,大炮轰鸣,弹片横飞,硝烟弥漫……在一次战斗中,他不幸手部和颈部受伤,生命垂危,被送入野战医院。由于野战医院条件太差,魏格纳的伤势不断恶化,不得不转入一所后方大医院进行治疗。

万幸的是,魏格纳终于保住了性命,并且获得了一个十分难得的疗养假期,暂时得以离开战场。医生和亲友们都劝他好好静心养病。然而,他却迫不及待地投入海洋和陆地起源的研究工作中,他要把他长期以来的思考写成一本专著。

在他的著作中,一幅不寻常的大陆漂移模式图就这样诞生了：不仅现在的欧洲和非洲是从南北美洲脱离开来的，而且过去所有大陆曾是一个整体，现在的大陆是从这个整体脱裂开来的。若把澳洲看作曾一度与南亚连在一起、南极洲与非洲连在一起的话，那何尝不可以认为南美洲、非洲与亚洲过去也是连在一起的呢？澳洲不是从印度半岛脱离开来的吗？而印度半岛不是从马达加斯加岛脱离开来后，再与亚洲联结形成喜马拉雅山吗？引人注目的是，格陵兰的西岸不是正好可以与它对面的北美洲海岸轮廓相吻合吗？

但是，这幅图被描绘得越清晰越具体，魏格纳就越清醒地认识到，如果要把这幅模式图变成科学假说，还需要许许多多的事实做论据。

假期一晃就过去了，魏格纳又奉命重返前线。鉴于他有伤在身，上级让他改做野战气象观测服务。这项工作对他而言是轻车熟路，他有大量的时间从事自己的研究。有关大陆漂移假说的许多问题需要他有理有据地回答，他要从地貌学、地质学、地球物理学、古生物学、古气候学、大地测量学的角度对这一假说作论证。他要不断修改完善自己的著作。

　　终于,在 1915 年,在第一次世界大战的炮火硝烟中,魏格纳划时代的地质学著作《海陆的起源》问世了。它像一枚突然爆炸的重型炸弹,震撼了学术界。

　　这就是作为科学家的魏格纳,用他的行动对战争做出的庄严回答! 正如他的一位挚友贝多夫教授对他做出的评价:"他已经从可怕的战争景象中培育起来的狭隘民族主义中,完全解放出来了。"

长眠在格陵兰

彭立红　刘平宇
中国地质科学院

格陵兰岛是世界上最大的岛屿，位于北美洲的东北部，在北冰洋和大西洋之间，西部与加拿大仅隔一条海峡，东部与欧洲的冰岛隔海相望。格陵兰的字面意思为"绿色的土地"(Greenland)，然而，现实中的格陵兰并不像它的名字那样春意盎然。格陵兰超过五分之四的土地为冰所覆盖，荒无人烟，只有西南沿海地区受暖流影响，气温略高，没有冰盖，地面生长地衣、苔藓和低矮的草丛，并有少量树木。

格陵兰岛幅员辽阔，不同地区的地理差异巨大，气候差异也巨大，是研究气象学的理想场所。岛上还存在一些世界上最古老的岩石，它们是研究早期地球构造的非常好的素材。为了获得气候变化和早期地球构造的第一手资料,魏格纳曾四次到格陵兰探险,进行实地科学考察。

第一次探险是在 1906—1908 年,魏格纳以官方气象学家身份参加丹麦探险队。他们第一次穿过冰盖,行程 1100 千米,首次获得了丰富的极地冷气团的第一手珍贵资料。

第二次探险是在 1912—1913 年。魏格纳参加了当时著名的极地探险家科赫船长(一位丹麦上校)领导的探险队。这次探险的研究重点转移到了冰川学和古气候学上。他在这次探险中收获很大,学术上除了大气热动力外,还在极光、云的光学、海市蜃楼的研究方面有所发现和建树。特别是,在漫长的极地冬夜,他对大陆漂移假说作了苦苦思索,终于下决心从气象学转向地质学,这是他学术生涯中的重要转向。此外,这次探险使他积累了组织和领导极地探险队的必备经验。从这以后,他名副其实地成为德国极地考察界公推的领袖,并且出版了两本描述这次探险的著作。

第三次探险是在 1929 年初春至深秋,这是一次试探性的考察，目的是在陡峭冰壁间选择搬运重型设备（如人工爆破地震仪）的登岸地点，为后期探险做准备。

第四次探险是在 1930 年。实际上，魏格纳在 1927 年年底就领受了这个任务，但一直未能成行。在魏玛共和国政权日渐衰败而希特勒纳粹政权即将上台的前夜，德国政府焦头烂额，无法全力支持魏格纳制订的庞大探险计划。因此，从开始筹备那天起，千头万绪，内外交困，各种困难，纷至沓来，他不得不亲力亲为。各种繁杂的准备工作，几乎耗尽了他的全部心血。在他的不懈努力下，探险队终于可以出发了。

1930 年 4 月，魏格纳和他的探险队终于抵达格陵兰。他们试图重复测量格陵兰的经度，以便从大地测量方面进一步论证大陆漂移假说。在严酷的条件下，魏格纳亲自做气象观测，还利用地震勘探法对格陵兰冰盖的厚度做了探测。

当时，在格陵兰中部爱斯米特临时基地里，有两名探险队员准备在那里度过整个冬季以便观测天气。然而冰雪和风暴使给养运输一再被耽搁。9 月 21 日，魏格纳决定把装备给养从海岸基地运送到爱斯米特去。魏格纳一行 15 人乘雪橇在风雪严寒中艰难跋涉了一百英里。在极端险恶的环境里，大多数人失去了勇气，但魏格纳决不回头。在零下 65℃ 的严寒里，最后剩下两个人追随他。他们终于到达爱斯米特。这时，有一个同伴的双脚已经严重冻伤。

爱斯米特基地留有的粮食和给养亦很紧张，魏格纳担心，如果他仍留在这里，意味着有人将会断粮，每人定量已经是很少了。魏格纳决定返回海岸基地。

11 月 1 日，队员们给他庆祝了 50 岁生日，他与他忠诚的向导，因纽特人维鲁姆森愉快地合影，这是他生前最后一张照片。当天晚上，他请求维鲁姆森留下来："我想您应该留在这里，您还年轻，正是生命兴旺时期。"

维鲁姆森坚定地表示，他愿跟随魏格纳一同返回海岸基地。

第二天，他们乘坐狗拉雪橇动身返回海岸基地。他们共带了 17 只狗，135 千克旅途用品和盛满煤油的大白铁皮桶。出发那天气温是零下 39℃，而前一天的气温是零下 65℃。

谁曾料想到，这是魏格纳的最后一次进军……

　　好几天过去了,却迟迟不见魏格纳和维鲁姆森归来的踪影。通过无线电联络,也得不到回复。基地同事多次出动寻找,没有发现踪影。附近的英国极地高空气团探测基地得知消息后,派出了两架飞机帮助搜索,亦毫无结果。漫长的冬季极夜来临,大地一片黑暗,天气越来越恶劣,一切搜索工作不得不停止下来。这场大风雪一直持续到第二年4月,天空逐渐晴朗起来。于是,一支庞大的搜索队伍于1931年4月23日出发了……

　　搜索队在距基地285千米处,找到了他们喂狗的干粮箱子。说明干粮已经不多了,因此可以扔掉盛干粮的箱子了。到了255千米处,找到了一架雪橇;很快,不远处又找到了另一架雪橇。显然,由于严寒,途中有许多狗不断死去,雪橇被遗弃。现在,在255千米处,魏格纳和维鲁姆森两人仅仅只剩下一架雪橇了。再往前,找到的东西越来越多,许多小物件都展示了他们一直在前进。每前进一步都要付出很大的代价,他们是在同风雪搏斗、同严寒搏斗、同死亡搏斗中前进。

　　到了189千米处,找到了滑雪板。大家都认识,这是魏格纳的。离滑雪板约三米处找到了掩埋在雪堆里的滑雪杖。这意味着什么？魏格纳下一步该怎么前进呢？人们在掩埋滑雪板一带的冰雪中挖掘起来。先是挖出一些鹿毛，然后掘出了鹿毛皮，往下是魏格纳穿的鹿毛皮袄，再下面是他的一个睡袋。先见到他戴着手套的两只手，下面还有一张鹿皮和睡袋，魏格纳的遗体便静卧在上面。

他是那样安详，仿佛刚刚睡去，只是眼睛微微有些张开。他的面容甚至显得比活着时还年轻一些，只是在一级冻伤处留下了几个斑点。再看他的遗骸——无论外衣和绒衣，盔形帽和靴子，都整整齐齐。只是身边的烟斗、烟袋不见了。

大家对魏格纳的尸体和遗物作了认真观察，最后得出结论，由于连续几天的拼死飞速前行，加之气温过低，魏格纳死于疲惫过度造成的心力衰竭。

同伴们久久垂头，静立在这位卓越的科学领导者和亲密战友的遗体面前，向他致敬。然后，大家挖掘一个墓穴，重新埋葬了魏格纳的遗体，上面堆砌坚硬结实的大冰块，再放上他使用过的雪橇。有人把魏格纳使用过的滑雪杖劈开做成十字架，插在他的墓上。

魏格纳的下落终于弄清了,那么,他忠实的伙伴维鲁姆森呢?人们终于明白,他们之所以能很快找到魏格纳,是因为维鲁姆森按因纽特人的风俗,隆重地掩埋了魏格纳,构筑墓穴并标记清晰。然后,他拿走了魏格纳的烟斗和烟袋,还有魏格纳的日记——这些是与魏格纳并肩战斗生活的最后的物证了。维鲁姆森在将这些东西严密而精细地埋藏好之后,似乎又继续进发了,依然沿着魏格纳要去的方向。

人们在155千米处,似乎已经找到了尽头,自此维鲁姆森的踪迹再也找不到什么了。饥饿的狗死去了,维鲁姆森在此迷了路,也可能精疲力竭而死了,他年仅22岁……

魏格纳是科学史上极地探险的勇士。当他第四次前往格陵兰时,已经是举世闻名的学者了。名誉和成就没有成为他的精神包袱,舒适和享受也不能诱惑他。他一如既往,怀着真正的科学家所具有的追求真理的赤子之心,又一次踏上了冰天雪地的格陵兰,最终不幸以身殉职。

　　在他以后,极地科学探险事业日益兴旺。直到目前为止,这些活动的核心手段仍然是魏格纳十分倡导的地震波的折射,核心思想仍然没有离开魏格纳的大陆漂移学说。

魏格纳和大陆漂移学说

孙元林

北京大学地球与空间学院 教授

魏格纳是德国一位杰出的气象学家。1880 年出生于柏林,1905 年在柏林洪堡大学获得了天文学方向的博士学位。但他对地质学和气象学更有兴趣,所以在获得博士学位以后就放弃了天文学方面的发展,专攻气象学方面的研究。作为当时一个年轻且有才华和抱负的科学工作者,他在毕业后短短的两年时间里,已经在气象学的研究方面开始崭露头角,并被马堡大学聘用,很快成为马堡大学非常受学生欢迎的年轻教师。1911 年,他编写了一本《大气热动力学》教科书,成为当时德国大学通用的气象学教材。在 1914 年和 1915 年参加了第一次世界大战,曾经两次负伤。战后又回到马堡大学任教。1924年以后,他受聘奥地利的格拉茨(Graz)大学教授职位。1930年11月初在格陵兰的考察途中魏格纳不幸遇难。

魏格纳在他一生中除了在大气动力学方面做出一些贡献以外,在地质学方面也做出了重要的贡献。概括地说,他在地质学中的贡献主要有两个方面:

一是他最早提出月球上的环形山是由陨石撞击形成而非火山爆发形成。当时人们普遍接受的观点是月球上的环形山主要由于火山爆发而形成。直到20世纪60年代末至70年代初的"阿波罗"登月计划实施之后,他的这一观点得到了证实:月球表面的环形山绝大多数是由于陨石撞击形成的陨石坑,而非火山口。

另一个,也可以说是魏格纳最大的贡献,就是他的"大陆漂移学说"。在科学史上,可以说,一些真正的具有革命性的科学理论提出以后往往需要经过很长的时间才能被人们接受。魏格纳在其《海陆的起源》中提出的"大陆漂移学说"就是这种情况,在经历了半个多世纪的争论之后才逐渐被人们接受。

"大陆漂移学说"是现代地质学"板块构造理论"的

核心组成部分。"板块构造理论"是地质学中一个非常重要的,涵盖面非常广泛的科学理论,是指导人类认识地球自然历史的一个非常重要的理论体系。

在 20 世纪 50 年代以前,由于人们对地球的认识只限于陆地的范畴,在当时的地质学界盛行一种根深蒂固的观点,即地球从形成以来,陆地与海洋之间的相对位置一直保持恒定(后人称其为"固定论")。而魏格纳的"大陆漂移学说"宣扬的是完全与之对立的一种观点,即陆地与海洋之间的相对位置在地质历史中不是恒定不变的(后人称其为"活动论")。

魏格纳首先从地图上大西洋两边南美洲和非洲之间海岸线的相似性中产生了"大陆漂移"的灵感,或者用他的话来说是"大陆错位"。魏格纳并不是第一个注意到大西洋两边海岸线的相似性,并产生"大陆错位"想法的人。早在 16 世纪末,一位荷兰的学者就注意到了这个现象,并想象可能是地震或大洪水冲开了大西洋两边的大陆。19 世纪中叶,一位意大利学者也提出了类似的观点,认为是大洪水冲开了大西洋两边的大陆。很显然,这些想法都是或多或少地受到《圣经》这样的影响,从表象的角度简单地解释这一现象,并没有从科学的角度去论证。对魏格纳来讲,自从产生了这么一个想法以后,这个观点就从来没有从他的脑海中消失过。1911年,魏格纳在马堡大学的图书馆读到了一篇奥地利学者苏斯(E. Suess)1885年有关冈瓦纳大陆(Gondwana-land)的文章。在这篇文章里面提及了当时被大西洋和印度洋所分割的几个大陆上(如非洲、南美、印度、澳大利亚和南极等),都存在一些相同的动物与植物的化石和相似的地层沉积序列,并认为这些大陆曾经通过陆桥联结在一起形成一个统一的大陆,并用印度的一个地名——Gondwana 命名了这个大陆,但现在联结这些大陆的陆桥都已经下沉到海底去了。出于气象工作者对现代全球气候带分布控制因素的本能认识,魏格纳注意到了这篇文章中列举的一些反映古气候信息的沉积物的分布位置与现代全球气候带分布模式不符。如在这些大陆上普遍分布有石炭—二叠纪时期的冰川沉积,而这些大陆现在大多处于靠近赤道的中低纬度附近。魏格纳对传统固定论的解释产生了怀疑。从此,他开始收集和整理全球各地各种古生物化石、沉积和地层的资料,并进行古气候的分析,从中得出了对大陆漂移的认识。1912年的1月,魏格纳在一次学术报告会上首先提出了"大陆漂移"的观点。由于学术报告会影响范围有限,在当时并没有引起学术界的多大关注。1914—1915年,他在第一次世界大战中两次负伤住院,使他有时间将"大陆漂移学说"的思想和证据进行系统的汇总并整理成文,并于1915年正式出版,之后多次再版。这就是他的《海陆的起源》。1924年由斯克尔(J. G. A. Skerl)翻译的《海陆的起源》第三版英译本面世,魏格纳的"大陆漂移学说"观点才开始受到学术界的广泛关注。然而,由于魏格纳对大陆漂移动力机制解释上的瑕疵,使他的学说一直没有得到科学界的普遍认可。在他去世后就逐渐被人淡忘。

第二次世界大战之后的20世纪40—50年代,由于古地磁测试技术的提高,人们能够从岩石中测定出岩石形成时地球磁场的一些磁性信息——岩石的剩余磁性,如磁倾角和磁倾向等,并且可以利用这些磁性信息推算古地理纬度和古地磁极的位置。通过研究,人们首先发现在世界许多地方的岩层的剩余磁性所反映的古地理纬度与这些岩层现今所处的地理纬度并不一致。依据同一个地区、不同时期形成的岩层剩余磁性恢复出来的地球磁场磁极位置不但与今天的磁极位置不重叠,而且彼此也不重叠。当时的科学家们就发现如果是从"固定论"的角度来解释这种现象,必然有两种可能:要么我们生活居住的地球曾经有过许多的磁极;要么地球的磁极在地质历史中发生过大规模的迁移。前一种解释显然是难以想象的。如果是后一种情况,那么依据世界各地同一时期形成的岩石剩余磁性恢复的古磁极位置应该一致。但是,当科学家把依据欧洲和北美洲两个大陆上不同时期形成岩石剩余磁性计算出的古磁极位置分别依时间顺序用曲线连在一起对比时发现,两个大陆的极移曲线并不重合,这时,科学家们突然明白了,不是磁极在迁移,而是两个大陆之间发生了相对的位移!这使得人们重新想起了魏格纳的"大陆漂移学说"。

与此大体同时,人们对海洋区域的地质地貌特征也有了新的认识。科学家们利用第二次世界大战期间发明的声呐技术绘制出了全球的海底地貌。在浩瀚的深海大洋中,有绵延数千千米的山脉——大洋中脊或称中央海岭,也有岛弧海沟,还有像夏威夷群岛那样的火山岛链。在大洋海底,并不像人们以前想象的那样是大片的海底平原。航磁测量所发现的大洋中脊两侧平行排列的条带状地磁场异常现象则使得科学家意识到这可能是海底沿大洋中脊扩张和地球磁场倒转共同作用的结果。这被深海沉积物的年龄分布模式所证实:在大洋中脊附近只有最年轻的沉积;大洋的边缘包含有最老的沉积物。当人们发现海底最老的沉积物都不老于侏罗纪以前,即 2 亿年前的时候,也着实令科学家们大吃一惊。原来认为非常古老的海洋,其海底竟是这样的年轻! 这也使得科学家相信,海底在不断地扩张更新。依据海底磁异常条带的宽度和时限,科学家精确地计算出了 2 亿年以来海底扩张的速率为 1～10 厘米/年,并被现代的卫星观测结果所证实。

早在第二次世界大战前,地球物理学家们通过地震波技术的应用,已经知道了地球的内部具有地核、地幔、地壳、软流圈、岩石圈等这样的一些圈层结构。

从对海底扩张和地球内部圈层结构的认识中,科学家们赋予了"大陆漂移学说"新的内涵——板块构造运

动,并为"大陆漂移学说"找到了新的动力学机制——板块构造机制:

　　地球的岩石圈是由"漂浮"在软流圈之上的 7 个大板块和若干个小板块构成;这些板块以大洋中脊和岛弧海沟为边界。在热对流的驱动下,地幔物质在大洋中脊附近上涌,使海底向两边不断扩张,驱动漂浮在软流圈上的岩石圈板块发生移动,使各个大陆之间发生相对的水平运动。在岛弧海沟附近,两个板块之间发生碰撞作用,大洋型地壳俯冲到了大陆型地壳之下,被不断消减。

《海陆的起源》讲了什么

孙元林

北京大学地球与空间学院 教授

第一篇 大陆漂移说的基本内容

第 1 章

作者开宗明义地提出了大陆块体在地质历史中发生过巨大的水平运动。并以具体的实例阐述了他的"大陆漂移学说"思想,认为:

1. 在古生代石炭纪之前,现在地球上的各个大陆块体曾经联结为一体,构成了一个统一的大陆,称为"泛大陆"。泛大陆周围被一个超级大洋所包围。

2. 从中生代开始,这个超级大陆逐步解体(断裂)成几大块,彼此在大洋海底上漂移分离;随着大陆的分裂,大西洋和印度洋开始形成,并一直演化到今天这样的海陆分布地理格局。

3. 陆地上的高大褶皱山系的形成则与大陆块体的移动有着直接的因果联系。在大陆块体漂移的过程中,其前缘受到冷却洋底的阻力并遭受挤压而褶皱成山。

4. 大陆系由较轻的刚性硅铝质岩石构成,漂浮在由较重的黏性硅镁质岩浆构成的大洋海底之上。可能由于潮汐力和地球自转时离心力的影响,使大陆断裂成几大块体而分离漂移。

前3点与地质学的事实相吻合。而第4点关于大洋海底的性质则建立在错误的假设基础之上。事实上在当时,地球物理学的研究已经证实大洋海底是由刚性硅镁质岩石构成,而非黏性的岩浆。潮汐力和地球自转时产生的离心力是不足以使大陆地壳在刚性的硅镁质洋壳上滑动的。因此,魏格纳关于大陆漂移动力机制的解释成为其学说遭受攻击的软肋。现在的观点认为软流圈之下的地幔对流才是驱动大陆漂移的主要力量。

第 2 章

冷缩说、陆桥说和大洋永存说是当时地质学界几种比较流行的、基于"固定论"解释地壳构造运动、生物地理分布和海陆分布的观点。

冷缩说认为地球通过冷却而收缩,在它表面形成了褶皱山脉;使深海底隆升成陆,大陆块沉降为海底。

现在被大洋所分隔的一些大陆上的动植物具有密切的亲缘关系,说明这些大陆之间在过去曾经有过宽阔的陆地联结。陆桥说认为联结这些大陆的陆桥后来深深沉没,成为今日的洋底。

大洋永存说以地壳均衡理论为基础,从大陆自古迄今一直未曾变动的假设出发,认为大洋盆地是地球表面的永存现象,位置一直保持不变。

作者主要从三个方面驳斥了冷缩说的观点:

1. 通过引证前人关于阿尔卑斯山脉褶皱收缩量的研究成果,认为现在阿尔卑斯山脉的宽度只有收缩前的 $\frac{1}{4}$ 或 $\frac{1}{8}$。若假定其是由于地球冷却收缩而形成,那么,从理论物理学的角度看,仅形成阿尔卑斯山脉第三纪时期的褶皱就需要降温 2400℃ 之多。按照开尔文（Lord Kelvin）的计算，就目前从地球内部向地表流失的热量来看，过去的地球绝不可能有如此高的温度。

2. 如果冷缩说成立，由冷却产生的皱缩作用应该作用于地球的整个表面，而不应该只作用于地球表面的某一点。地质学的事实表明，地球表面的褶皱山系并不是均匀地分布在地球表面。

3. 冷缩说回避了大陆块体和大洋底的性质差别。其关于深海底隆升成陆和大陆块沉降为海底的观点与地壳均衡理论相矛盾。按照地壳均衡理论，较轻的地壳表层是漂浮在较重的下层岩浆之上，就像漂浮在水中的木头一样，只有在负重后，才可能下沉。因此，较轻的硅铝质大陆块体不可能沉降为深海底。冷缩说所宣扬的海陆变化，从地质学的角度看，其实只是海水淹没或退出大陆的变化。大陆从来没有陷落为深海底。

而关于陆桥说和大洋永存说之争，作者认为这两种观点是各持偏见，都只抓住了有利于自己一方的部分事实，而在另一部分事实面前就受到了驳斥，从正确的前提下得出了错误的结论。大陆漂移学说能够合理解释它们争论的全部事实：

1. 陆地的联结是有过的，但不是后来沉没的陆桥，而是大陆之间的直接联结；它们今天的分离状态是由于它们之间发生了大陆漂移。

2. 永存的不是个别的海和陆，而是整个海陆的面积。海陆的相互位置由于大陆漂移会改变，但全球总的海陆面积是不变的。

第二篇 证明

作者以大量的篇幅，从地球物理学、地质学、古生物学和生物学、古气候学和大地测量学的角度论证大陆漂移学说的正确性。可以说，本篇中所引用的地质学、古生物学和生物学、古气候学证据，在论证大陆发生过漂移的事实上还是非常有说服力的。

第 3 章

作者从地球物理学不同的角度论证大陆和洋底地壳的性质不同。大陆由较轻的岩石构成，而海底由较重的物质组成。证据包括：(1)大地测量统计结果显示地球

表面存在两个最大频率的高程:大陆基台(海面之上 100
米)和深海底(海面之下 4700 米);(2)地震波通过洋底的
传播速度大约比通过大陆的速度要快 0.1 千米/秒;
(3)与大陆相比,大洋底十分平坦,缺乏褶皱山脉。

需要说明的是作者把大洋底的平坦性和缺乏褶皱
山脉解释为是洋底硅镁层具有较大的可塑性和流动性
的表现,这一认识是错误的。根据现代的板块构造理
论,洋底缺乏褶皱山脉是由于洋壳板块在海沟附近俯冲
到了地下的深部。

第 4 章

作者从地质学角度论证今天被大西洋分隔的大陆
曾经联结在一起和大陆发生过大规模的水平运动。

如果说大洋两边的大陆过去曾经直接联结,在它们
分离以前所形成的大陆上的褶皱山脉和其他地质构造
应该是相互连续的。大洋两侧大陆上的地质构造末端
必然会位于同一位置,相互拼合时就可以直接连续起
来。也就是说,在它们分离以后两侧残留的岩层在岩性
变化序列和性状、所含的生物化石内容,以及褶皱的方

向上应该是高度一致的,可以拼合。而过去不曾直接联结的大陆,则不会具有相同的地质构造。而原来分离的大陆由于大陆漂移会相互靠近,形成新的褶皱山系。

作者引证了大量这类地质学证据说明今天被大洋分隔的一些大陆曾经直接联结在一起,后来发生了大陆的漂移:

1. 大西洋两侧的非洲和南美洲、欧洲和北美洲曾在晚古生代时期直接联结在一起,中生代时期首先从非洲的最南端开始分裂,逐渐分离形成了大西洋。北美洲大陆在向西漂移的过程中还发生了顺时针的旋转。

2. 非洲大陆在向北漂移的过程中于第三纪时期在其北缘形成了阿特拉斯山脉,晚于大西洋的开裂,因此在美洲就找不到它的延伸。

3. 印度在中生代晚期与非洲大陆断裂开来,向东北方向漂移,在新生代早期与亚洲联结,形成了巨大的喜马拉雅褶皱山系,影响范围波及北亚的兴都库什山一带。作者根据喜马拉雅山的皱缩量计算,印度次大陆的移动距离为3000千米。马达加斯加岛在第三纪时期与非洲大陆脱离。

4. 印度东岸与澳洲西岸曾经联结在一起。

5. 沿澳洲东海岸呈南北走向分布的石炭纪褶皱山系是从阿拉斯加穿越三大洲(北美洲、南美洲和南极洲)的巨大安第斯褶皱山系的延续和终点。中生代时期澳洲向东漂移而断开。在澳洲东南面的新西兰和北面的新几内亚地区可以见到澳洲后期运动所形成的褶皱山系。需要说明的是,美洲西海岸的安第斯褶皱山系是美洲与非洲分离后才形成的新的褶皱带,与澳洲东海岸的褶皱山系没有关系。澳洲东海岸的褶皱山系应是南美洲南部和非洲南部晚古生代褶皱带经南极洲的延续和终点。

6. 南极洲可能在西部的格雷厄姆地与南美洲的巴塔哥尼亚曾经相连。

第 5 章

大洋是阻隔不同大陆上陆生动植物相互交流的天然屏障。因此,不同大陆上各个地质时期的动植物的相似程度高低或亲缘关系远近是反映大陆曾经联结或分离的很好指标。相似程度越高,说明两个大陆直接相连;反之,说明两个大陆相互被大洋阻隔。两个大陆分离的时间越久,则其动植物的相似程度就越低,亲缘关系也越远。

被大西洋和印度洋所分隔的一些主要大陆之间在地质历史中曾具有高度一致的动植物化石群被陆桥说的支持者作为说明这些大陆之间曾有陆地联结的重要论据。按照陆桥说的观点,今天这些大陆彼此被大洋所分隔,是由于联结它们之间的陆地已经沉入海底。

在本章中作者接受陆桥说的支持者作为说明这些大陆之间曾有陆地联结的论据,并用他的大陆漂移学说比较合理地解释了若干个重要的、陆桥说不能合理解释的古生物学和生物学事实,特别是涉及陆地之间存在距离上的变化:

1. 北美洲东南的格临内耳地(Grinnell Land)、格陵兰岛和北大西洋中的斯匹次卑尔根岛上的第三纪至第四纪植物地理区系的变化。根据森帕尔(M. Semper)的研究,格临内耳地第三纪时期的植物群与斯匹次卑尔根岛的亲缘关系(63%),要比与格陵兰的关系(30%)更为密切。而今天,它们的关系完全相反(分别为 64% 和

96%)。按陆桥说的观点,只能解释今天的情况,因为格陵兰比斯匹次卑尔根岛更靠近北美大陆。但第三纪时的情况就无法解释了。而用大陆漂移学说就可以很好地解释这种差异:在第三纪早期,格临内耳地与斯匹次卑尔根岛之间的距离要比格临内耳地与格陵兰的化石点之间的距离短。而现在格陵兰比斯匹次卑尔根岛更靠近北美大陆。

2. 据高次伯格的研究,南太平洋中胡安·斐南德斯群岛(Juan Fernandez Islands)的植物与邻近的智利西海岸并没有任何亲缘关系,但与火地岛、南极洲、新西兰及太平洋诸岛之间存在亲缘关系。陆桥说无法解释这种差异,但大陆漂移学说可以给出合理的解释:南美洲向西漂移,最近才接近该岛,所以植物区系才有如此显著的差别。

3. 虽然夏威夷群岛在距离上与北美洲最近,海风和洋流也是从北美洲吹向夏威夷,但该群岛上的植物区系与北美洲很少有关系,而与其西边的旧大陆(亚洲大陆)关系密切。按照大陆漂移学说的观点,在第三纪中期(中新世),夏威夷群岛所处的纬度是 40°～45°,属于盛行的西风带,风从西边的日本和中国吹来,而且,当时的美洲海岸离夏威夷群岛的距离也比现在远。

4. 在解释印度德干高原与马达加斯加岛之间的生物关系问题上,大陆漂移学说相比陆桥说也体现出了明显的优越性:因两个陆块现在处于赤道的两侧,所以具有相似的气候和生物特征。但两地相距如此之远,若用陆桥说解释两地,以及非洲和南美洲等地石炭纪至二叠纪时期的舌羊齿植物(Glossopteris)分布时,就无法在生物学问题上给予合理的解释。而用大陆漂移学说则不成问题。

澳洲现代动物区系的分布也为作者提供了用大陆漂移学说解释其形成机制的很好例证。根据现代哺乳动物,全世界可以区分出 6 大动物区系,澳洲动物区系是其中之一。位于印度尼西亚南部的巴厘岛(Bali)和龙目岛(Lombok)之间的直线距离虽然只有 20 多千米,却是两大动物区系(东方动物区系和澳洲动物区系)的分界线,即著名的“华莱士线”(Wallace's line)。在此线以西,完全缺失有袋类哺乳动物。

根据华莱士(A. R. Wallace),澳洲的动物界可以分出三个古老的系统(或分区)。

(1)第一个分区见于澳洲的西南部,以喜温动物为代表。它与印度、斯里兰卡,以及马达加斯加和南非具有亲缘关系。这个亲缘关系起源于当澳洲还与印度相连的时期。但到侏罗纪早期,这种联系就中断了。

(2)第二个分区是以澳洲特有的哺乳动物——有袋类和单孔类(如鸭嘴兽和针鼹)为代表。有袋类的化石在北美洲和欧洲曾有发现,但未在亚洲发现。从现代有袋类动物的分布和动物体内寄生虫,可以推知这一动物分区的动物成分与南美洲存在血缘关系。关于澳洲和南美洲的血缘关系,若从喜热的爬行类动物来看,很难显示出两地有什么密切的联系,但从耐寒的两栖动物类和淡水鱼类来看,则有大量证据显示两地之间存在密切的血缘关系。华莱士确信,澳洲与南美洲之间即使有陆地相连,也必然是位于靠近大陆寒冷的一端。因此,魏格纳认为,澳洲和南美洲的动物血缘关系发生在澳洲与南极洲和南美洲还相连的时期,即澳洲与印度分离之后(侏罗纪早期),澳洲与南极洲分离之前(始新世)的这段时期内。由于澳洲今日靠近了印度尼西亚群岛(即原文中的巽^{xùn}他群岛），这些动物又逐渐侵入印度尼西亚群岛的东部。

（3）澳洲第三个动物分区位于澳洲东北部和新几内亚。动物成分系以从印度尼西亚群岛移居而来东方动物区系分子与澳洲动物区系分子混生为特点。澳洲的野狗、啮齿类（老鼠）、蝙蝠等是第四纪以后才迁入的。因此，该动物分区是在最近的地质时期才形成的。

在说明澳洲动物地理区系的形成机制上，作者对陆桥说给予了有力的批驳：南美洲与澳洲之间最短的距离几乎与从德国到日本的距离相当。如果说这两个大陆之间在地质历史时期可以靠一个陆桥进行物种的交换，那么，为何澳洲与近在咫尺的印度尼西亚群岛之间却没有发生过物种的交换？

按照大陆漂移学说的假说，澳洲与南美洲之间曾经非常靠近，而与印度尼西亚群岛之间则曾有宽阔的大洋相隔（参考原文的第1、2图）[1]。

---

[1] 本书所有图序号均指《海陆的起源》原书的序号，以下同。——编辑注

第 6 章

作为一位气象学家,作者对现代地球表面主要气候带的控制因素非常敏感,而且也非常清楚。像我们所知道的热带、温带、寒带这样的气候带主要是由地理纬度来控制的,沿纬度呈带状分布。地球的过去,也应该存在类似的气候分带现象。在不同的气候带内都会有其特征的生物和沉积。如寒冷北极圈内的冻土苔原植被和温带的泰加林植被有显著的差异;而温带的森林植物在树干年轮上与热带雨林植物不同。

今日的棕榈树分布仅见于最冷月平均温度超过 6℃的地方。现代的珊瑚仅见于水温超过 20℃ 的海洋中。冰川作用只发生在极地区域或不同纬度上的寒冷高山地区。干燥的气候带内由于降水量小于蒸发量,十分容易形成蒸发盐类的沉积(如石膏、石盐等)。反过来,我们可以从化石和沉积岩中,获得很多有关这些化石生物生活时期、或沉积岩形成时期的古气候信息。世界各地地质历史时期的气候变化应该与气候带相适应。

作者通过对当时来自世界各地的大量古生物学和

沉积学资料所反映的各个大陆不同地质时期的古气候信息的分析整理和归纳,发现世界上许多地区过去具有与今天完全不同的气候,以实例充分论证了用传统固定论观点无法合理解释古代气候的变化问题。即按照今天大陆的配置,无论怎样安放地极和气候带,都不可能与当时的气候相适应;而"大陆漂移学说"可以给予非常合理的解释。

·今日的斯匹次卑尔根岛位于北极圈内,为大陆冰川所覆盖,气候十分寒冷。但在第三纪时期的植物化石中存在许多温带地区的种类,显示出与今日法国相同的气候。在白垩纪甚至存在只在热带才有的西谷椰子等。石炭纪时期则存在像芦木、鳞木、树蕨等形成欧洲大煤系的植物。位于斯匹次卑尔根岛以南、纬度相差90°的非洲中部在同一时期经历了完全相反的气候变化。这种从热带到极地,或从极地到热带的巨大气候变化使人很容易联想到地极和赤道移动而引起的气候带的系统移动。但是非洲中部以东,经度相差90°的印度尼西亚群岛却没有发生过气候的变化,至少从第三纪以来,一直是热带的气候。从固定论的角度出发,必然会得出当时的赤道不是一条与两极垂直的直线,而是曲线。

一些学者研究发现,在第三纪初期,北极曾位于现在的阿留申群岛附近,之后向格陵兰方向移动,第四纪时到达格陵兰。似乎地极移动假说可以解释这样的气候变动。然而,地极移动假说在涉及确定更早地质时期的地极位置时,就遇到了不可克服的障碍。南半球大陆上广泛分布的石炭纪至二叠纪冰川作用痕迹是其最大的障碍。

如果把当时的南极位置确定在这些冰川遗迹最适中的南纬50°东经45°处,那么最远的冰川分布区,如巴西、印度和澳洲东部都将位于离赤道10°以内。那么,就必须假定当时的整个南半球都属于极地气候。而北半球石炭纪至二叠纪时期的沉积层中不但找不到任何冰川的痕迹,相反,在许多地方发现了热带植物的化石。这显然不符合地球的气候分带模式。

而如果允许大陆之间可以发生水平方向的位移(即大陆漂移),则上述的石炭纪至二叠纪冰期之谜就十分容易解释了。作者把南半球的这几个分离的大陆拼在了一起,把有冰川分布的地方放在当时南极的附近;把北美和欧亚这些有热带沉积物的大陆恢复到相当于赤道周围,或者中低纬度的位置,容许这些大陆在后来的地质时期相互漂移分离,这样就非常好地解释了沉积与气候带不相符合的现象。

第 7 章

在本章中作者首先根据前人有关地质时期绝对年龄的资料估算了一些大陆块体之间的分离速度。需要说明的是,当时对地质时期绝对年龄的估算很不准确,与今天的结果相差很远。

之后,作者引用了一些大地测量的数据试图说明一些大陆块体之间在短时期存在纬度和经度上的距离变化(位移)。但当时测量技术误差较大,其观测数据并不能令人信服地说明大陆之间存在位移变化。20世纪60年代以后,在更精确的绝对年龄测定基础上,科学家依据海底磁异常条带的宽度和时限,估算出了2亿年以来海底扩张的速率为1～10厘米/年,并被现代的卫星对地观测结果所证实。

第三篇　解释和结论

本篇中的内容是当时学术界对作者的学说质疑的症结所在。这些解释和结论大多是建立在"较轻的刚性硅铝质(大陆)在较重的黏性硅镁质(大洋底)上滑动"的错误假设前提之上。

第 8 章

在本章中作者从地壳均衡作用产生的垂直补偿运动、地极移动和地球扁平度的角度,论证和强调地球是一具有黏性的球体,为其之后的大陆漂移动力机制讨论做铺垫。尽管当时的一些地球物理学者已经证实,在室温条件下,地球比钢还坚硬 $2\sim3$ 倍,但作者认为地球在巨大的重力和漫长的时间(数千年至数百万年)作用下,会具有像黏性流体一样的性质。现代地球物理学研究表明,地球的表层(岩石圈)是刚性的,而其之下的下地幔部分,由于由熔融岩浆构成,才具有黏性流体的性质。

第 9 章

1. 关于太平洋、大西洋和印度洋的深度差异,作者正确地指出了它们与大西洋型海岸和太平洋型海岸有连带关系,但错误地把深度差异的原因归结为它们洋底的年龄差异,认为老洋底经历了更长时间的冷却,因而比新形成的洋底密度高,所以更深。在同一大洋内,确实存在由于冷却所造成的新老洋底的深度差异:如大洋中脊两侧附近的洋底由于是最新形成的,所以比周围的洋底都高。根据 20 世纪 50 年代以后的海底调查,现今所有大洋中存在的最古老洋底,其年龄都不超过 2 亿年(侏罗纪),都位于靠近大陆的部分。按照现代板块构造理论,具有太平洋型海岸的大洋(太平洋和东印度洋)有较大的深度,主要是由于其受到了来自大陆板块的挤压。

2. 作者以塞舌尔群岛和斐济群岛(第 25 图)为例试图说明由于硅镁质洋底的流动所产生的牵引,使原来平直的列岛变成弧形。或许塞舌尔群岛的弧形变形可能是洋底扩张时不同部位扩张速率差异产生的牵引所致,但斐济群岛的变形系三个板块(欧亚板块、印度板块和太平洋板块)相互挤压作用的结果。

3. 关于深海沟的性质,作者把新不列颠岛南面和东南面的直角形弯曲的深海沟(可称为岛弧型海沟)成因归结于由于新几内亚岛在硅镁质洋底上掘沟推进,向西北方向运动的牵引,而使陆块后方流出的硅镁质没有来得及充填;而将南美洲智利附近的阿塔卡马海沟(可称为安第斯型海沟)归因于山体对硅镁质洋底的高压。这种认识显然是错误的。按照板块构造理论,无论是岛弧型海沟和安第斯型海沟,都是由于板块之间发生相互碰撞,洋壳俯冲到陆壳板块之下所成。

第 10 章

1. 在本章中作者认为硅铝质的岩层可能曾包围过整个地球,那时的硅铝圈厚度只有 30 千米,而不是现在的 100 千米。地球具有移动性和可塑性的外壳,一面被撕裂开来,一面又被褶曲拢来。撕裂开来时就形成了深海盆地,褶曲拢来时就形成褶皱山脉。硅铝圈的最早裂隙可能和今天的东非裂谷成因相似。在挤压力和拉张力的相互作用下,产生单向的演变,即皱合与肢解。因此,硅铝壳在地质历史中不断缩小其面积,并增加其厚度,也愈益破裂。这显然是一种想当然的想法。生物的演化和大陆的构造结构并不能说明硅铝圈曾经包围过整个地球。相反,大陆的结构构造说明硅铝圈的面积在地质历史中是不断增加的。

硅铝质地壳是在地球的内外动力的共同作用下,从原始的硅镁质地壳中分异而来:

(1)从部分熔融的上地幔物质中分离出来的上涌岩浆形成了最初的地壳,其物质组成与今天的洋壳接近。

(2)固结地壳的出现,使板块构造运动的机制开始发挥作用,原始地壳相互碰撞俯冲,发生重熔,使较轻组分不断被分离出来而带到表层,形成了原始的高地——火山岛弧。而高地出现则使固结的熔岩开始遭受物理和化学的风化作用。其产物沉积在高地周边低洼的地方和海底,构成了地球上最早的沉积物。这些沉积物在板块构造的作用下,发生强烈的褶皱变质作用和经历高温重熔的改造,最终在岛弧地区形成"花岗质"(即硅铝质)的岩石。

（3）循环往复的板块俯冲使零散分布的岛弧逐渐汇聚拼合成较大的硅铝质块体，构成了大陆的核心。

（4）新陆地的出现，为其边缘的沉积提供了新的物质来源；在后续的褶皱造山事件中，这些沉积物发生变质和熔融作用而被焊接或"增生"到原始的陆核之上，使大陆不断"增生"。

地质学证据表明，现代大陆的基本轮廓或基地，在元古宙的早期就已经成型。

2. 作者对硅铝质地壳内部结构的假设也是明显错误的。确实在大陆上很多地方有火山活动，喷出硅镁质的岩浆（所形成的火山岩称玄武岩）。但其来源并不是作者所称的包裹在硅铝质地壳中的液态硅镁质岩浆池。根据现代的认识，它们应该直接来自地幔。有两种可能性：一是大陆上存在深达地幔的巨大断裂，如东非大裂谷；二是地幔中的异常高温点（地幔柱）烧透了覆盖其上的大陆地壳。岛弧地区的火山作用系由洋壳俯冲造成的地下岩石的重熔所成，故其岩浆成分与硅铝质相近。

第 *11* 章

1. 作者从地壳均衡的角度解释了构成喜马拉雅山脉、阿尔卑斯山脉和挪威山脉的岩层的差别。当形成褶皱山脉的沉积岩层被剥蚀以后，由于地壳的均衡补偿，原来深埋地下的火成岩就会随之抬升，成为山脉的主体。因此，作者认为山脉的褶皱是在保持均衡下的一种压缩。

2. 关于褶皱山脉的不对称性，作者认为是在大陆漂移的过程中，硅铝质总在褶皱中向下方伸沉，后来向外扩展，在一定程度上渗入未褶皱的地壳的下方中，就把那部分地壳抬举上来。由于硅铝质地壳总是在硅镁层上整块地流动，所以硅铝层势必发生偏向一边的扩展。这样的认识是建立在其假象的大陆漂移动力机制之上。按照现代的认识，山脉的不对称性是由于大陆板块前进的边缘受到了来自另外一个板块的挤压而褶皱。

3. 关于褶皱山脉地区沉积岩层厚度巨大的问题，诚如作者所说，这里原来是大陆棚或大陆斜坡，并非豪格（E. Haug）所称的地槽。但作者认为边缘大陆棚硅铝质壳较薄、抵抗力可能较弱,并包含有更多更大的硅镁质馅,因此具有可塑性,所以容易发生褶皱。这种说法是不正确的。

4. 作者以两个陆块间的相对运动关系对不同类型褶皱和断裂给予了正确的解释,认为褶皱和断裂是同一过程(陆块各部分彼此推动)的不同效果。并以东非大裂谷为例,对大陆块体的破裂给予了简单的说明,认为如果断裂继续扩大,硅镁质必然会最终浮露到自由表面,从陆块边缘掉下的碎片也将成为浮在硅镁质上的岛屿。就目前的认识而言,科学家们对大陆为什么会破裂还没有取得共识。

第 12 章

1. 作者认为,海陆的重力压差会在垂直的大陆边缘产生一种力场,使大陆台地的物质向大洋方向挤压。由于硅铝层具有足够的可塑性,在一定程度上可以抵御这种强大的压力,所以在大陆边缘形成阶梯状的断裂。当大陆块被大陆冰川所压覆时,在其边缘必然产生一种特殊的力,使大陆块向水平方向扩展,在其边缘产生坼裂,形成峡湾。

2. 关于花彩岛(即在大陆边缘分布的链状群岛,在地质学上,通常称为岛弧),作者从亚洲东海岸的形状和弧形分布的花彩岛(阿留申群岛—日本列岛—印度尼西亚群岛—新西兰岛)推测,这些花彩岛是欧亚大陆在向西北方向漂移的过程中,从大陆边缘脱落下来的硅铝质碎片,原来属于大陆边缘的海岸山脉。并以加利福尼亚半岛为例予以说明。但按现代的板块构造理论,这样的说法是站不住脚的:

(1)这些花彩岛,有些是从大陆边缘脱落的碎片,但并不是由于欧亚大陆在向西北方向漂移的过程中形成,而是欧亚大陆与太平洋板块和印度板块相互碰撞过程中,由于不同部位的应力差异造成了局部地区的拉张,而使这些花彩岛与大陆有不同程度的分离。

(2)岛弧内侧的火山活动和外侧的抬升以及深海沟系由洋壳向下俯冲所成。因此,这些地方也是地震频繁发生的地方。

(3)大洋中的岛链(如夏威夷群岛)与太平洋西岸的岛弧有不同的成因。它们是在海底扩张的过程中,由地幔柱不断烧穿洋壳所形成的火山岛链。

（4）加利福尼亚半岛坐落在太平洋洋中脊附近的转换断层（只发生水平滑动的板块边界类型）之上。旧金山大地震与此转换断层有关。

3. 关于大西洋型海岸和太平洋型海岸的差异成因，作者只说对了一点，即大西洋海岸形成时间较晚。按照现代地质学观点，这两种海岸代表了两种不同类型的大陆边缘：被动大陆边缘（大西洋型）和活动大陆边缘（太平洋型）。前者所在的硅铝质地壳和硅镁质地壳属于同一个板块，因此该类型大陆边缘不具有褶皱的海岸山脉、火山活动和地震。后者所在的硅铝质地壳和硅镁质地壳分属两个不同的构造板块，彼此间存在相对的挤压作用，因此该类型大陆边缘常常具有褶皱的海岸山脉、强烈的火山活动和地震。

第 13 章

作者认为大陆块的漂移遵循一大原则：向赤道和向西漂移。也就是说大陆在离极运动和向西漂移运动的两种分力的作用下漂移。

　　位于不同纬度（地极和赤道除外）的大陆块体的重力和其受到下伏硅镁质岩浆的浮力，受地球旋转的离心影响，均略向赤道方向倾斜，形成一个从地极指向赤道的合力，这就是离极的作用力。在 45°纬度处最大，大约相当于重力的二三万分之一。

　　向西漂移的作用力：地球自西向东旋转的过程中，受日月引力所产生的潮汐摩擦力。

　　根据地球物理学家的计算，这些力是根本不足以推动大陆的漂移。虽然作者对这些力的大小是否足以驱动大陆移动存有一定的疑问，但作者仍然认为，在这些力的作用下，大陆在硅镁质层上缓慢滑动，在数百万年的过程中，日积月累，仍可引起显著的移动。

魏格纳创立大陆漂移学说的科学方法

张祖林

华中师范大学城市与环境科学院 教授

魏格纳的大陆漂移学说从根本上改变了人们的地球观,为现代地球科学的发展奠定了基础。

然而,大陆漂移学说得到学术界公认,却经过了十分艰难曲折的阶段,人们对它的认识也经历了一个否定之否定的过程。随着地球科学的发展,有越来越多的证据证明魏格纳主要论断的正确性,魏格纳以及他的学说在地质学界也得到了高度的评价。

自然科学的研究成果,总是与一定的研究方法相联系;自然科学的重大突破,总是伴随着研究方法的变革和创新。作为现代板块学说产生的基础,魏格纳的大陆漂移学说也不会例外。考察大陆漂移学说的产生过程,分析创立大陆漂移学说的一些独特方法及其意义,对于我们深入开展地球科学方法论的探索,乃至对于自然科学方法论的研究,都是不无裨益的。

一

魏格纳关于大陆漂移的最初想法是在 1910 年观察世界地图时得到的。但对于这一想法,他当时并不认为有什么重大意义。次年,由于古生物学方面的资料启发了他,引起了他对这个问题的极大兴趣,促使他对地质学和古生物学方面的成果进行迫不及待的研究,从而得出了肯定的结论,并深信关于大陆漂移的"基本想法是正确的"。于是,魏格纳不顾他人劝阻,从已经取得成就的气象学专业毅然涉足当时吉凶未卜的学术"异域"。

一个职业的气象学家为什么要在自己熟悉的专业之外去研究地质学?魏格纳这种研究方向的选择似乎是令人费解的。但正是在这一点上,显示了魏格纳非同一般的科学胆略和善于捕捉重大科学研究课题的能力。

而这种能力,并不是天赋的。魏格纳这种研究方向的战略性决策有着它特定的历史背景,可贵之处则在于他对这种特定的历史背景的正确理解和分析。

地质学在 18 世纪时开始成为一门独立的学科,并在 19 世纪早期达到成熟阶段。到 20 世纪,地质学已经经历了两百多年的发展,积累了大量的地质资料,取得了多方面的成果。当时的地质学家对地壳的垂直运动已有所认识。根据已发现的地质资料,已经有可能揭示地壳沿水平方向的运动。但是,由于当时的地质学家们受传统的地质观念束缚,他们习惯于在既成概念的前提下来发展自己的地质学理论。因此,尽管在地质学理论中假说林立,但是许多重要的地质现象仍然得不到合理的解释。例如,关于山脉的形成,在魏格纳的大陆漂移学说提出以前,主要是按地球收缩说加以解释。但自从在阿尔卑斯山脉发现叠瓦状平推式倒转褶皱以及地壳中放射性元素衰变热后,收缩说便陷入了困境。正如当时的地质学家所评论的那样,收缩说早就不被完全接受,但是能够取而代之并足以解释一切事实的其他学说还没有找到 。

在生物分布方面,人们发现被辽阔海洋所分隔的南半球各大陆,在动植物种群上具有密切的亲缘关系,而且在各大陆的地壳中还保存着相同的古生物化石。为了解释这一现象,许多受海陆固定观念束缚的科学家,不得不设想在大洋中一度存在过连接各大陆的狭窄陆桥,以沟通它们之间生物的交往。这就是盛行一时的"陆桥说"。但是澳洲与南美洲相隔如此遥远,两地的生物种群却有着密切的联系;而紧邻澳洲的其他群岛,其生物种群却与澳洲有显著的不同,这种现象是陆桥说支持者无法解释的。

此外,在古气候方面,人们发现在南半球各大陆上(包括印度半岛),在距今两亿多年前的石炭—二叠纪时期曾普遍发育了冰川,而在北半球的大陆上却广泛分布着在此段时期内湿热气候条件下所形成的煤层。面对这一现实,传统的海陆固定论观念更陷入了困境。

以上事实表明,随着地质实践活动的扩大以及新的地质现象的不断被揭露,当时的地质理论已日益显得不足。这不仅表现在各地质理论之间的矛盾以及同一理论中所暴露的矛盾上,更重要的是存在着地质理论与大量客观实际的矛盾。这些矛盾反映着地质学理论的危机,也强烈地启发人们去思考,预示着新理论的即将产生。

魏格纳批判性地分析了当时地质学的发展状况及其特点,敏锐地觉察到地质学在理论上的突破已经有了可能,同时也认识到自己所要创立的学说对地质学的重大意义。正是在这样的历史背景下,魏格纳把他的学术研究方向勇敢地投入当时自己并不熟悉的地学领域。因此,我们从历史背景来考察,魏格纳的大陆漂移学说的产生是地质学理论发展到一定阶段的产物;从方法论的角度来分析,则来自他对科学发展的敏锐洞察力及其研究方法上的战略性思考。

科学研究是一种探索性的实践活动,"带有经过思考的、有一计划的、向着一定的事先制定的目标前进的特征"。科学研究方向及其目标的选择,对于整个科学研究活动的意义乃至成败起着决定作用。科学目标一旦形成,就会成为一种纲领,对于科学研究实践活动的整个过程起着指导性的作用。因此,科学研究方向上的战略性思考对科学研究具有决定性的意义,而这种战略性思考的途径往往是对已有科学理论和事实的批判性分析。

二

确定科学目标是研究者在研究方向上的战略决策。而要使科学目标转化成为研究成果，还必须在研究工作中确定与这个目标相适应的有效的思维方式和方法。

在思维方式和方法上，魏格纳与前人的不同在于：他不是孤立地看待各个局部地区和各门学科领域的资料，而是从全球和洲际的范围，在多学科研究的基础上综合地加以考察和追踪。他把地球看成一个现实的历史的整体，从其各个部分的相互作用和相互联系中寻找它们的统一性，在整体的基础上来进行综合，在综合的基础上再论证整体。

魏格纳关于大陆漂移学说的最初想法来自对大西洋两岸轮廓相互吻合这一现象的观察，这是魏格纳科学研究的出发点，整个大陆漂移学说的理论大厦正是由此开始建构的。这就在客观上决定了由整体推向局部的思维方式。魏格纳认为,既然地球原来只是一块大陆,以后分裂漂移才形成今天的海陆分布轮廓,那么各大陆在分裂以前所形成的地层、矿藏、山脉、地质构造和古生物化石等,也应具有一致性。正是在这一整体观念的指导下,魏格纳从不同的侧面考察了当时地质学的研究成果,广泛地解释已有的地质现象,以检验这一整体观念在与客观实际的相互作用中的准确性程度和适用范围,并不断丰富对整体观念的认识。

魏格纳不仅把地球看作是它自身的整体,而且把它看成是宇宙中的整体。他把地球作为八大行星[①]的一员放在太阳系这个整体中进行考察,从它们的相互作用中来寻找大陆漂移的机制,指出地球自转的离心力和潮汐摩擦力是大陆漂移的源动力。虽然他的这种解释并未获得成功,相反却使他的学说遭到了厄运,但他的这种思维方式和方法仍然给人们以方法论的启示。我国地质学家李四光继魏格纳的大陆漂移学说之

---

① 在魏格纳时代,学界认为太阳系有九大行星。——编辑注

后创立了地质力学。有学者指出,李四光的地质力学与魏格纳的大陆漂移学说有着共同的思想渊源和方法论基础。

魏格纳的思维方式和方法的整体性特征,还表现在他对海洋和大陆相互作用和相互联系的深刻理解之中。地球上最大的构造单元是海洋和大陆,但整个近代地质学理论却都是建立在对大陆地质资料考察的基础之上的,因而不可避免地带有不同程度的主观性和片面性。魏格纳从大陆漂移的整体观念出发,注意到从海洋和大陆的相互关系中进行研究,试图从整体上对海洋和大陆的发生和发展规律做出统一的解释。他说:"这个完整的大陆漂移概念必须从海洋与大陆块间的一定关系出发进行探讨。"在魏格纳的著作中,海陆并论,且特辟专章来论述洋底。受当时技术条件的限制,人们对于海洋各方面的认识还十分有限,这就使魏格纳不能作出正确而深刻的论述,也致使后来的讨论得不到结论。但这并不是魏格纳的过错。现代地球科学的发展充分证明了魏格纳这种见解的正确性。从 20 世纪 60 年代开始,人们对海洋的认识有了重要的进展。现在,国际上出现了将海洋和陆地构造进行对比研究,并从全球的角度对海洋和陆地构造进行统一解释的潮流。据目前研究成果来看,虽然大陆和海洋地壳结构不一,各自有独特的构造特点,但大量事实表明它们都受统一的全球应力场的控制。因此,大陆和海洋的许多构造现象具有统一的全球性质。

魏格纳的学说并没有被当时的地质学家们普遍接受,他在创立大陆漂移学说时所运用的思维方式和方法当然也不能被人们完全理解。在 20 世纪以前,整个近代自然科学处于分化时期,科学家们习惯于对自然科学进行分门别类的研究。在方法论上,近代自然科学主要以归纳方法为基础。近代地质学当然也不会例外。由于人类认识的局限性,人们还没有可能从全球范围内来进行大规模的系统研究,而是把它分成各个方面分门别类地进行考察,这就不可避免地导致了思维方式和方法的简单化和僵化。因此,魏格纳的这种整体性的思维方式和方法,就如同他的学说对于传统的地质学理论一样,本身就是一次革命性的变革。

地球是一个整体,整个自然界也是一个整体。作为反映地球发生发展规律的地球科学也必须运用整体的思维方式。魏格纳在创立大陆漂移学说时所运用的这种整体性思维方式正反映了地质学的客观要求,他的这种思维方式也终究会被人们所认识。事实正是如此,当地球科学经历了长期曲折的发展,人们的认识经历了否定之否定的过程之后,地球科学家们终于惊叹地发现,"必须用整体的方式来研究这颗行星"。

三

地球经过了几十亿年的演化和发展,这个过程是无法在实验室里重现的。地质学家要研究人类所没有经历过的复杂的地质过程,就必须根据地球的现状去进行分析和推理。从这一点上来说,地质学考察和历史学研究颇为相似。地质学方法带有历史学方法的特征。

在地质学的发展史上,最先运用历史方法来系统地研究地质学的人是英国地质学家莱伊尔(C. Lyell,

1791—1875),是他第一次明确提出了"将今论古"的历史方法论原则,把"理性带进地质学中"。莱伊尔"将今论古"的历史方法论原则,在地质学上有着深远的影响,具有普遍的方法论意义。

但是,"将今论古"作为一种历史方法有它一定的片面性,还不是一个完整的历史方法。"将今论古"一般是以现实的一页来推论历史的一页,实际上从这种推论出发的一页并不仅仅是地质事实在某一地质历史时刻的静止状态,而是包括了从该时刻起至它后来所经历的动态过程。所以,在以现实去推论过去的时候,有必要顾及现实的各种事物与历史的某一事物所存在的历史的必然联系。就是说在运用"将今论古"的时候,同时也要"以古论今"。

"以古论今"是"将今论古"在方向上相反的逻辑过程,只有把它们有机地结合起来,才能构成辩证的完整的历史方法。在大陆漂移学说中,魏格纳正是运用了这种完整的历史方法。首先,他从大西洋两岸在形态和古生物上的相似性入手,提出了大陆漂移学说的思想线索,并根据现在大西洋两岸的地层和褶皱构造的联系以及生物区系空间地域分布的历史演化和古冰川的遗迹来作为论证大陆漂移的历史佐证;然后,用古代大陆的漂移运动来解释今天地球上海陆的分布状况,并且预测未来的发展。例如,魏格纳根据东非大裂谷和红海的地质发展历史,推测大陆将在这里继续分裂涨开。

通过研究地表各种现存地质现象,我们可以在头脑里恢复早已不存在的古代大陆的漂移运动;反过来,也可以用大陆的漂移运动,来解释今天和预测未来的各种地质作用。由现实追溯历史,由历史解释现实,殊途同归,两者从不同的侧面都重现了历史现象在主要环节上的前进运动。古和今在时间上和空间上的联系决定了方法论上"将今论古"和"以古论今"的结合。

值得注意的是,"将今论古"和"以古论今"这两种方法在现代地学研究中得到了深入的发展和更加广泛的运用,并出现了在新的基础上相互结合的趋势。"将今论古"主要着眼于现代海洋沉积和现代生物的研究,重建生物史和沉积史;而"以古论今"则是用历史推断现在和预测未来,如应用同位素法、古构造分析法等,来探讨地球早期的形成过程和演化特点,并根据对这种历史规律的认识再推断地球的现在和未来,而这些都将统一到现代地球科学理论之中。

海陆的起源(节选)

The Origin of Continents and Oceans

大陆漂移学说

　　任何人观察南大西洋的两对岸,一定会被巴西与非洲间海岸线轮廓的相似性所吸引住。不仅圣罗克角(Cape San Roque)附近巴西海岸的大直角凸出和喀麦隆附近非洲海岸线的凹进完全吻合,而且自此以南一带,巴西海岸的每一个突出部分都和非洲海岸的每一个同样形状的海湾相呼应。反之,巴西海岸有一个海湾,非洲方面就有一个相应的突出部分。如果用罗盘仪在地球仪上测量一下,就可以看到双方的大小都是准确一致的。

　　这个现象是关于地壳性质及其内部运动的一个新见解的出发点,这种新见解就叫作大陆漂移学说,或简称漂移说;因为,这个学说的最重要部分是设想在地质时代的过程中大陆块有过巨大的水平移动,这个运动即使在今日还可能在继续进行着。

举具体的例子来说,根据这个见解,南美洲高原与非洲高原在数百万年以前原是相互接合的一整块大陆,自白垩纪时才最初分裂成两部分,以后它们就像漂浮的冰山一样逐步远离开来。同样,北美洲过去和欧洲极为接近,至少在纽芬兰与爱尔兰以北是如此。这两个大陆连同格陵兰一起原是联结为一个陆块的,到了白垩纪末,它们才被格陵兰附近的一个枝状断裂所扯破,更北一带则到了第四纪时才破裂,以后大陆块就彼此漂移开来。

必须说明的是,在这本书里,凡是为浅海所淹没的大陆棚,我们都看作是大陆块的一部分,所以陆块的边界在很多地方并不以海岸线为准,而是以深海底的陡坡为准。

同样,我们认为:直到侏罗纪初期,南极大陆、澳洲、印度与南非洲还是相联结的。它们并和南美洲一起结合为一个单一的巨大陆块(虽然有时候部分地区为浅海所淹没)。在侏罗纪、白垩纪与第三纪时它分裂为破碎的小块,然后各自向四方漂散。第1、第2图中的三张复原图就表示着这些陆块片分别在石炭纪后期、始新世和第四纪后期漂离的经过。至于印度,情况稍有不同。它原来是以一个长形的地带和亚洲大陆相联结的(虽然它大部分确曾被浅海所淹没）。自从印度一方面与澳洲分离（在下侏罗纪），另一方面和马达加斯加岛分离（在白垩纪与第三纪之间）后，由于印度不断地逐步移近亚洲，长形地带与亚洲的联结部分才一再压缩褶皱拢来，形成今日世界上最巨大的褶皱山系——喜马拉雅山系以及亚洲高原的许多褶皱山脉。

在别处，大陆块的移动和大山系的起源也有着因果联系。南北美洲在向西漂移中，由于受到古老的冷却的坚硬的太平洋底的阻挠，它们的前缘部分就褶皱成高大的安第斯山脉，从阿拉斯加一直伸延到南极洲。澳洲陆块（包括仅为陆棚相隔的新几内亚在内）的情况也是一样。年轻高大的新几内亚山脉形成于陆块移动方向的前缘。如附图所示，这个移动的方向在它和南极洲分裂的前后是不同的。当时东海岸是移动方向的前缘。接着，在靠近这个海岸前方的新西兰山脉也褶皱起来；其后由于移动方向的改变，这带山脉就脱落在后方，成为花彩岛。今日澳洲东部的科迪勒拉山系（Cordillera Mts.）形成年代更早，它形成于澳洲与南极洲分离以前的陆块移动前缘。它和南北美洲较古的褶皱即所谓前科迪勒拉山系（安第斯山系的基础）是同时代的产物。

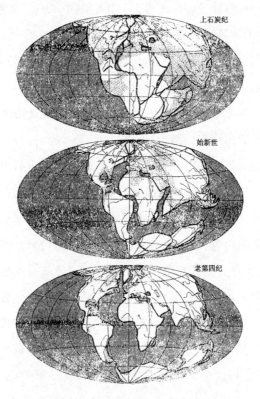

上石炭纪

始新世

老第四纪

第1图 根据大陆漂移学说绘成的世界三个时期的海陆复原图

斜线表示海洋;密点表示浅海;今日的海陆轮廓与河流仅供辨认之用。经纬线是假定的(以今日的非洲为标准)

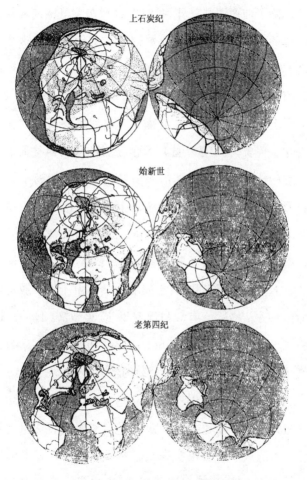

上石炭纪

始新世

老第四纪

第2图　（同第1图），但投影不同

除了向西漂移以外,我们也看到在大范围内陆块向赤道的冲击。巨大的第三纪褶皱带的形成就和这个运动有关。这个褶皱带从喜马拉雅山延伸为阿尔卑斯山和阿特拉斯山。当时这些山地是位于赤道带以内的。

上述新西兰古海岸山脉脱离澳洲陆块而形成花彩岛这一现象,说明了小陆块片由于大陆块的西移而脱落下来的情形。东亚大陆沿海山脉也同样是脱落下来的花彩岛。大小安的列斯群岛是中美陆块的移动所遗留下来的。在巴塔哥尼亚(Patagonia)与南极洲西部之间的南安的列斯岛弧也是脱落的碎片。事实上,凡是向南北方向尖削的所有陆块,它们的尖端都由于这种脱落而曲向东方。格陵兰南端和佛罗里达、火地岛(Tierra del Fuego)、格雷厄姆地(Graham Land)陆棚以及印度与锡兰岛(现在的斯里兰卡岛)分裂的情况都是很好的例子。

显而易见,这个完整而广泛的大陆漂移学说概念必须从海洋与大陆块间的一定关系出发来进行探讨。海洋与大陆这两个现象实在是根本不同的东西。大陆块厚约 100 千米,浮沉在岩浆里,其高出于岩浆的部分仅厚约 5 千米。在深海底部,这层岩浆是出露的。

所以,最外层的岩石圈并不完全覆盖整个地球(过去是否曾经覆盖过可以置之不论),但在地质时代中,最外层岩石圈却由于不断的褶皱与挤压,面积日益缩小,厚度则逐步增加,终于分裂为个别的较小的陆块。今日大陆面积仅占地球总面积的 1/4,大洋底部成为地球内层岩石圈的自由表面,它在大陆块的下面估计也存在着的这些事实,牵涉到大陆漂移学说的地球物理学方面。

对大陆漂移学说这个新的学说进行详尽的论证将是本书的主要目的。但在进行论证以前,有一些事实经过不得不先叙述一下。

大陆漂移的想法是著者于 1910 年最初得到的。有一次,我在阅读世界地图时,曾被大西洋两岸的相似性所吸引,但当时我也即随手丢开,并不认为具有什么重大意义。1911 年秋,在一个偶然的机会里我从一个论文集中看到了这样的话:根据古生物的证据,巴西与非洲间曾经有过陆地相联结的现象。这是我过去所不知道的。这段文字记载促使我对这个问题在大地测量学与古生物学的范围内为着这个目标开始仓促的研究,并得出了重要的肯定的论证,由此就深信我的想法是基本正确的。我第一次把这个想法发表出来是 1912 年 1 月 6 日我在美因河上的法兰克福城（Frankfort-on-Main）的地质协会上作的讲演，题为"从地球物理学的基础上论地壳轮廓（大陆与海洋）的生成"。后来，我又在 1 月 10 日的马堡（Marburg）科学协进会上作了第二次讲演，题为"大陆的水平移位"。同年（1912 年），这两篇讲演都刊出了。[1] 接着，1912 年至 1913 年我在科赫（J. P. Koch）的领导下参加了横跨格陵兰的探险。后来因受兵役之阻，我未能对这个学说做进一步的工作。到了 1915 年，我终于能利用一个较长的病假期，对这个学说作了比较详细的论述，写成本书，收入"费威希丛书"（Vieweg Series）而出版。[2] 第一次世界大战结束后本书需要再版时，出版者慨然允诺把本书从"费威希丛书"转移到"科

---

[1]　A. 魏格纳：《大陆的生成》（*Die Entstehung der Kontinente*）。1912 年《彼得曼文摘》第 185—195、253—256、305—309 页。同一题目文字略经简缩，发表于 1912 年德国《地质杂志》（*Geol. Rundsch*）上，第 3 卷第 4 期第 276—292 页。

[2]　A. 魏格纳：《海陆的成因》（*Die Entstehung der Kontinente und Ozeane*）。"费威希丛书"第 23 集，共 94 页，1915 年不伦瑞克（Brunswick）出版。

学丛书"中来,因之得以大加增补。[①] 现在的版本几乎是完全重新写成的,因为根据这个学说的观点对本问题有关材料的搜集与整理已大有进展,而探讨这个论题的新文献也更为浩繁了。

在考查上述文献时,我发现有好几个先辈学者的见解是和我一致的。整个地壳是在旋转(但旋转时其各部分的相对位置不变)的想法,勒费尔霍次·冯·科尔堡(Löffelholz von Colberg)[②]、克莱希高尔(Kreichgauer)[③]、约翰·伊文思(Sir John Evans)等许多学者都曾有过。在惠兹坦因(H. Wettstein)的杰出著作中[④],也表示过大陆具有大规模相对水平移位的倾向(虽其著作中有

---

① 本书第二版为"科学丛书"(Die Wissenschaft)第 66 集,共 135 页,1920 年不伦瑞克出版。

② 勒费尔霍次·冯·科尔堡:《在地质时期中地壳的转动》(*Die Drehung der Erdkruste in geologischen Zeiträumen*),共 62 页,1886 年慕尼黑出版。第二版增至 247 页,1895 年慕尼黑出版。

③ 克莱希高尔:《地质学上的赤道问题》(*Die Äquatorfrage in der Geologie*),共 248 页,1902 年希太尔(Steyl)出版。

④ 惠兹坦因:《固体、液体及气体的流动及其在地质、天文、气候、气象学上的意义》(*Die Strömungen des Festen, Flüssigen und Gasförmigen und ihre Bedeutung für Geologie, Astronmie, Klimatologie und Meteorologie*),共 406 页,1880 年苏黎世出版。

很多乖谬之处)。根据惠兹坦因的说法,大陆(不包括被海淹没的大陆棚在内)不仅在移动,并且在变形,它们由于太阳对地球黏性体的潮汐引力而向西漂移。施瓦尔茨(E. H. L. Schwarz)在 1912 年英国《地理杂志》第284—299 页上也有过同样的说法。但他认为海洋是沉没的大陆,并且还发表了关于所谓地理对应和其他地面问题的奇异想法,在这里,我们就不谈及了。和该书的著者一样,皮克林(W. H. Pickering)在他的著作中[①],从南大西洋海岸的相似性,推想美洲是从欧非大陆扯开后移过大西洋来的。皮克林没有看到在地质历史上这两块大陆一直到白垩纪前还是联结着的这个事实,却把这种联结的时间设想在极古远的过去,并认为大陆的分离和达尔文的月球是从地球上抛出去的说法有联系。他相信月球抛出去后的遗迹在现在的太平洋盆地中还可

---

① 载英国《地质杂志》1907 年第 15 卷第 23—38 页,又见 1907 年 Gæa 第 43 卷第 385 页,以及《苏格兰地理杂志》(Scot. Geogr. Mag)1907 年第 23 卷第 523—535 页。

以看到。[①]

泰罗(F. B. Taylor)则从另一条道路走近了大陆漂移学说的领域。他在1910年第一次发表的著作中[②],认为大陆在第三纪时期的水平移位是相当重要的,其移动当和第三纪大褶皱山系的形成有关。例如,他所谈到的格陵兰从北美洲分离时所用的解释实际上就和大陆漂移学说的看法是相同的。对于大西洋,他认为其中只有一部分是由美洲陆块漂离而成的,其余部分则是沉陷的,并形成了中央大西洋底的隆起地带。泰罗和克莱希高尔一样,他们在陆地的离极漂移中看到了大山系的分布的主要原理。至于大陆的相对移位被认为只是起了次要的作用,实际上仅予以简略的论述。

---

　　① 为地质学者所共知的达尔文(Darwin)这个学说纯然是一种假说,遭到施瓦尔茨恰尔德(Schwarzschild)、利亚浦诺(Liapunow)、鲁兹基(M. P. Rudzki)、西伊(See)等人的反对,认为是不能成立的。我自己对于月球起源的看法则与达尔文完全不同,可以参看 A. 魏格纳:《月球火山口的起源》(*Die Entstehung der Mondkrater*)一书,"费威希丛书"第55集,共48页,1921年不伦瑞克出版。

　　② 泰罗:《第三纪山带对地壳起源的意义》(*Bearing of the Tertiary Mountain Belt in the Origin of the Earth's Plan*),1910年《美国地质学会会刊》(*Bull. Geol. Soc. Amer.*)第21卷第179—226页。

前面已经说过，在我读到上述著述时，我的大陆漂移学说已经大体上形成，其他著作则知道得更晚。前人著作中某些与大陆漂移学说相类似的论点，今后被更多地发现出来，并不是不可能的。关于这个论题的文献工作我还没有着手做，且也不是本书的意图。

与冷缩说、陆桥说和大洋永存说的关系

地质学还没有完全摆脱掉地壳皱缩的想法。突出地倡议地壳冷缩说的有达那(Dana)、海姆(Albert Heim)和苏斯等。在地质学教科书中,例如在凯塞尔(E. Kayser)[①]及科贝尔(Kober)[②]的书中,冷缩说仍然作为一个基本概念而被普遍应用。就像一个干瘪的苹果那样,由于内部水分的蒸发而使表面产生了皱纹;地球也通过冷却而收缩,在它的表面形成了褶皱山脉。苏斯说得好:"我们今日正处于地球的瓦解时代。"[③]冷缩说的历史作用是不能否定的,它在一个很长的时期内为我们

---

① 凯塞尔:《普通地质学教程》(*Lehrbuch der allgemeinen Geologie*)第五版,1918 年斯图加特(Stuttgart)出版。

② 科贝尔:《地球的构造》(*Dar Bau der Erde*),共 324 页,1921 年柏林出版。

③ 苏斯:《地球的起源》(*Das Antlitz der Erde*)第 1 卷第 778 页,1885 年出版。英文版第 1 卷第 604 页,1904 年出版。

的地质知识提供了一个十分简要的见解。长期以来,由于冷缩说从大量的研究工作中取得了合理的成果,其基本概念的简明性及其在应用上的多样性仍然支持着它的坚固阵地。但无论如何,冷缩说和地球物理学上一切新结论直接矛盾,地质研究的方向也逐步和冷缩说背道而驰,这是毋庸置疑的事实。

用地球皱缩的理由来解释山脉的生成,原已相当困难。自从在阿尔卑斯山脉中发现了叠瓦状平推褶皱式倒转褶皱以来,冷缩说的解释显得更不圆满了。贝尔特朗德(Bertrand)、沙尔德特(Schardt)、吕格翁(Lugeon)等辈的著作中关于阿尔卑斯山脉和其他许多山脉的构造的新观念,意味着只有比过去设想的要大得多的皱缩量才能解说得通。按照海姆的计算,过去设想阿尔卑斯山脉皱缩了 $\frac{1}{2}$ 的距离;根据现在所公认的平推褶皱构造,就必须是皱缩到原距离的 $\frac{1}{4}$ 或 $\frac{1}{8}$ 了。[①]

① 海姆:《瑞士阿尔卑斯山的构造》(*Bau der Schweizer Alpen*),《自然科学新年报》(*Neujahrsblatt d. Naturf. Ges.*)第110期第24页,1908年苏黎世出版。

若以今日阿尔卑斯山地的宽度约为 150 千米计,那它必然是从宽达 600～1200 千米(纬度 5°～10°)的一段地壳缩皱拢来的;想论证地球是由于内部冷却而使其直径缩短到如此程度的任何尝试,都是一定要失败的。凯塞尔指出:地球表面每缩短 1200 千米,虽不过是缩短了地球圈的 3％,其半径也约缩短 3％,变化似不算大,但若计算相应的温度变化那就非常可观了。根据镍(0.000013)、铁(0.000012)、方解石(0.000015)和石英(0.00001)四种物质的平均膨胀系数(0.0000125)算来,单是解释第三纪褶皱,就需要降温 2400℃之多。

推至较古时期,当构造运动普遍发生时,就需要更大的降温数值了。可是,这和理论物理学上的计算结果是不符的。因为,按照开尔文的计算,就目前从地球内部向地表流失的微弱热量来看,过去的地球体是绝不可能有如此高的温度的。当然,鲁兹基曾经指出[1]:开尔文的计算没有把压缩时的重力作用估计在内;因为在重

---

[1] 鲁兹基:《地球物理学》(*Physik der Erde*),第 118 页,1911 年莱比锡出版。

力作用影响之下,地球虽然失热,但它的温度还是几乎不变的;这样就仍然产生了收缩现象。但鲁兹基却立刻接着指出:上面所引的膨胀系数可能由于地球所持有的高压而减低数值,则开尔文的计算也许仍是正确的。

总之,可以认为,理论物理学在这个问题上还没有得出确切的结论。在这方面,镭的研究倒似乎提供着更为明确的结果。镭在自然嬗变时放出大量的热。根据乔利的测定,这个元素在一切岩石中都多少存在着,分布很广,假若直至地球核心都有镭的存在[1],则从地球内部不断放射出来的热(这可以从温度随矿井深度增减的测定来计算出)可以补足地球的失热而有余。

按斯特罗特(R. Strutt)的见解,镭仅存在于地球的最外层,这种见解是否正确虽不能肯定,但无论如何,地球因放射失热而显著收缩的说法是显然过时了。我们确切知道,地球的含热量目前正在增加,这一结论是无可避免的。

----

[1] 鲁兹基:《地球物理学》,第122页。又见乌尔夫(Wolff):《火山作用》(*Der Vulkanismus*)第1卷第8页,1913年斯图加特出版。

　　退一步说，即使这样的收缩曾经发生过，我们就不得不接受海姆的假说，即整个大圆圈的收缩仅发生在大圆圈的某一点上，但这种说法是不能成立的。因为，在地壳内部把压力转移180弧度是不可能的。许多学者，如阿姆斐雷（Ampferer）①、赖耶尔（E. Reyer）②、鲁兹基③和安德雷（K. Andrée）④等都反对这种说法，并且认为地球的收缩像干瘪的苹果皱皮一样，必须作用于整个地球表面。近来，特别是科斯马特（F. Koszmat）一再着重指出：解释山脉的生成非估计到巨大的切线方向的地壳运动不可，而这一点和简单的冷缩说不相容。⑤由于一再碰到疑难，近来地质学上对于冷缩说的总评价是：

---

　　①　阿姆斐雷：《褶皱山脉的运动方式》（*Über das Bewegungsbild von Faltengebirgen*），《全德地质研究所年报》（*Jahrb. d. k. k. Geol. Reichsanstalt*）第56卷第539—622页，1906年维也纳出版。

　　②　赖耶尔：《地质学的基本问题》（*Geologische Prinzipienfragen*）第140页，1907年莱比锡出版。

　　③　鲁兹基：《地球物理学》第122页。

　　④　安德雷：《造山运动的条件》（*Über die Bedingungen der Gebirgsbildung*），1914年柏林出版。

　　⑤　科斯马特：《对于魏格纳大陆漂移学说的探讨》（*Erörterunger zu A. Wegener's Theorie der Kontinentalverschiebungen*），1921年《柏林地质学会杂志》（*Zeitschr. d. Ges. f. Erdkunde zu Berlin*）第103页。

"冷缩说早就不被完全接受，但是能够取而代之并足以解释一切事实的其他学说还没有找到。"[①]

但在我看来，冷缩说的不得不完全宣告破产，主要原因是在另一个问题即海洋盆地与大陆块的问题上。海姆在这个问题上已经小有研究。他说："除非对过去大陆的变动做出了确切的考察……除非我们对大多数山脉的平均收缩量有了较全面的测定，我们对于山脉和大陆间的因果关系以及大陆相互间的形状等知识就不能指望获得任何切实的进展。"[②]

时至今日，海深的测量日益频繁，宽平的大洋底面以及同样平旷的大陆表面间的高程差（在 5 千米以上）日益显著，这个问题的解决也就日益迫切。凯塞尔于1918 年写道："与体积巨大的大陆块比较起来，一切地面上的隆起只是微小的东西，即使如喜马拉雅山那样高大的山脉也不过是在这个大陆块表面上的一个不高的小

---

① 博斯（E. Böse）：《论地震》（自然论文集新版）［*Die Erdbeben (Sammlung，Die Natur，n.d.)*］第 16 页，并参看前引安德雷的批评。

② 海姆：《造山运动的力学研究》(*Untersuchungen über der Mechanismus der Gebirgsbildung*)第二篇第 237 页，1878 年巴塞尔（Basle）出版。

皱纹。由此看来,认为山脉是大陆的骨架这个旧见解,在今日已不能成立……必须反过来认为大陆是先成的,是决定性的因素,而山脉仅是从属的,是后成的。"[1]可是这些大陆岩块的生成用冷缩说是怎样解释的呢? 冷缩说者认为:当地壳普遍下沉时,其中一部分由于受到拱形压力的作用,就像阶梯或地垒一样遗留在地表。但为什么受到影响的地面竟如此广大,这却没有说明。这一种静止的到处作用着的所谓拱形压力已被赫格塞尔(Hergesell)[2]在理论上驳斥过了。它和较新的日益被证实的地壳均衡说(即地壳漂浮在可塑性的底层上的说法)是绝对矛盾的。

　　冷缩说的另一个概念,即莱伊尔所主张的深海底的隆升与大陆块的沉降是不断反复变化着的这个概念,也和海陆永存说相矛盾。我们对永存说虽然不能完全接受,但它对冷缩说的批评却是十分正确的(详见下文)。

――――――――――

　　[1]　凯塞尔:《普通地质学教程》第五版第132页,1918年斯图加特出版。

　　[2]　赫格塞尔:《地球的冷却和造山运动》(*Die Abkühlung der Erde und die gebirgsbildenen Kräfte*),德国《地球物理学汇报》(*Beitr. z. Geophysik*)第2卷第153页,1895年。

按照一般公认的均衡说的观点,整块大陆要沉降达五千米之巨,看来实质上是不可能的。另一方面,现在大陆上的海洋沉积物除极少数的例外,都不是深海的东西,而是浅海的沉积。可见大陆从来没有陷落为深海底,不过是被陆棚上的浅海所淹没过罢了。这样看来,冷缩说已被地面上海陆事实本身所彻底驳斥倒了。

大陆漂移学说则能扫除上述一切障碍。根据大陆漂移学说,褶皱山脉形成时所需要的水平收缩是可以允许的。事实上,也只有在漂移的理论上,这种皱缩才可能发生。因为假使地壳收缩了,而地球全体却不按比例地收缩,那么地壳的每一次收缩必使地面某一处产生一次断裂,而地球的最外层岩石圈也就不能被覆整个地球表面了,这是必然的结果。再者,对大陆块与大洋底的差别的存在,除此说外,实在找不到其他解释。因此,大陆漂移学说替代了冷缩说,冷缩说应被完全摈弃。

我们还要进而说明有关陆桥沉没说与大洋永存说的问题。大陆漂移学说对这两个学说的关系与对冷缩说的关系完全不同。陆桥说与大洋永存说在进行论战时各自提出的论据是正确的,而他们在相互驳斥时所用的证据也是正确的。问题在于他们各持偏见,只抓住了有利于自己一方的那部分事实,而在另一部分事实面前就受到了驳斥。大陆漂移学说则不然,它能解释全部事实。它使争执的双方能满足其一切合理要求,从而为调和这两种相互敌对的学说铺平道路。要做到这一点,我们必须深入问题一步。

陆桥说者所持的论据是:我们今日确知远离海洋的大陆上的动植物群具有密切的亲缘关系,这个事实非假定过去存在过广大的陆地联结不可。近来这方面的资料日益增多,促使这种联结的设想日益具体。虽然有少数人还不能从"林中见木",但多数专家对于这些重要的陆桥的存在已予以一致承认[1]。在这里,我们提一提本

---

① 阿尔特脱(Arldt)在《南大西洋的生成》(*Südatlantische Beziehungen*)一文中(载 1916 年《彼得曼文摘》第 62 卷第 41—46 页)说道:"但今日仍有反对陆桥说的人,其中以 G. 普费弗尔反对尤力。他根据今日限于南半球的多种生物在北半球也找到化石这一事实,确信这些生物种曾经是分布于全球的。这个结论完全不能接受;尤其不能接受的是,进一步假定,即使北半球没有发现同种化石,只由于南半球有间断分布,就可以认为生物过去是全球分布的。即使他用北大陆及人们所说的地中海桥的通道来解释所有这些特殊分布情况,这种说法也是完全没有坚固的基础的。"即使有个别的例子的发展过程像普费弗尔所说,我们认为:南大陆间生物的亲缘关系可以用直接的陆地联结来解释,比从同一的北方地区向各方平行迁移出来的说法要简单得多,完善得多。

书第5章阐述的20个专家对一些陆桥存废的见解。首先是北美洲与欧洲之间的陆桥,这是肯定存在的(虽然有时中断),它到了冰川时期才最后断脱。非洲与南美洲间也存在过同样的陆桥,是在白垩纪时消失的。第三座陆桥是存在于马达加斯加岛与印度之间的雷牟利亚陆桥,它是在第三纪初崩断的。最后一座陆桥是冈瓦纳(Gondwana)陆桥,它联结非洲、马达加斯加岛与印度,直达澳洲,是在侏罗纪初期分裂的。一向认为在南美洲与澳洲间必有陆桥的联结,但主张在南太平洋中建立一座陆桥的人毕竟是少数。大多数人认为这个联结是以南极洲为桥梁的。因为南极洲位于两洲间的最短距离上;并且,其间的亲缘关系也只限于耐寒的品种。

　　自然,他们还把今日的许多浅海都认为是过去的陆桥。陆桥论者直到现在也没有把大洋上的陆桥和浅海上的陆桥区别开来。必须着重指出的是,大陆漂移学说仅限于讨论目前深海区上的陆桥问题,并对此提出新的见解。至于对于浅海上的陆桥,诸如北美洲与西伯利亚间的白令海峡等,则原先的陆地升沉的假说还是无可非议的。[①]

　　陆桥沉没说者有一个极为有力的论据：现在相互远离的大陆,鉴于动植物群化石的相似性及其现有种的亲缘关系,它们间过去存在过宽阔的陆地相联结是无可置疑的。他们假定这些存在过的大陆桥梁后来深深沉没,成为今日的洋底。这是根据收缩说就可以说明的,并不需要进一步的论证。至于有可能另外用水平移位来解释,当然是不会被想到的。正如乌毕希(L. Ubisch)所着重指出：大陆漂移学说和现有的中间大陆沉没论一样能很好地适合这些要求,而且前者解释得更为圆满。现有大陆间相距如此遥远,即使假定昔时生物种类有可能通过中间大陆得到交换,其间动植物的亲缘关系要如此密

─────────

　　① 虽然迪纳尔(C. Diener)在《地球表面的大地形》(*Die Groszformen der Erdoberfläche*)一文中(载《地质学文摘》[*Mitt. d. k. k. geol. Ges. Wien*]第58卷第329—349页,1915年维也纳出版)反对我们的见解,但他的反对是基于许多误解的。这些误解大部分已经由柯本的《关于均衡说及大陆的性质》(*Über Isostasie und die Natur der Kontinente*)一文予以驳斥(该文发表于1919年德国《地理杂志》[*Geogr. Zeitschr.*]第25卷第39—48页)。迪纳尔说道：“北美洲向欧洲推移时,它和亚洲大陆的联系必然在白令海峡破裂。”这种误解是看了墨卡托投影的世界图得来的。若是拿一个地球仪来看,误解自然冰释。这个问题实质上只是北美洲以阿拉斯加为顶点作了转动的结果。

切,也还是一个谜。①

　　至于与陆桥说相对立的海陆永存说的论据则不在
生物学方面,而是在地球物理学方面。他们主要不是反
对过去存在过陆地的接连这一点,只是反对有过陆桥的
说法。第一个论据在前面已经提到,即在大陆上深海沉
积并不普遍存在,所以大陆块看来无疑是"永存"的。有
些地层,例如卡育(L. Cayeux)所证明的白垩层,原来认
为是深海沉积的,现在已证实为浅水沉积物了。有极少
数沉积物,例如非石灰性的阿尔卑斯放射虫泥和一些红
色黏土(被当作一种红色深海黏土)还认为是在深海生
成的,因为只有在深海中,海水才能作为石灰质的溶
剂。② 对于这些发现的解释当然仍在争论中。一般认为
它们多数是沉积在1000～2000米深的海中。但这样深

　　① 乌毕希:《魏格纳的大陆漂移学说与动物地理学》(*Wegener's Kontinentalverschiebungstheorie und die Tiergeographie*),1921 年《维尔次堡物理学与医学学会论文集》(*Verh. d. Physik.-Med. Ges. z. Würzburg*)第 1—13 页。

　　② 对于可能是深海沉积物的详细论述,可参考达斯克(E. Dacque):《古地理学的理论基础与方法》(*Grundlage und Methoden der Paläogeographie*)第 215 页,1915 年耶拿(Jena)出版。

度的海洋还是属于大陆坡的范围以内。即使我们根据科斯马特和安德雷的看法,说阿尔卑斯放射虫泥的沉积深度为 4000～5000 米,这些海洋沉积物所占的面积是如此狭小,以致大陆块永存的基本理论仍然不会动摇。今日的大陆块,除了极少的例外,在地球历史上从来没有成为洋底;它们像现在一样,一直是大陆台地。莱伊尔所谓的反复升降,看来不过是永存的大陆台地曾交替地被浅水淹覆而已。

这样一来,就很难设想在目前海洋上曾经建立过桥形大陆了。如果一处陆地的再隆升没有为他处海洋的再下沉等量地补偿,那么面积大为减小的洋盆将不可能有足够的空间来容纳海洋内的全部海水。原先的大陆桥的再度隆升,就必将使海平面升高到如此高度:使所有的大陆,包括新的和旧的在内,除高山以外都将被淹没。换句话说,主张各大陆间有陆桥相连的陆桥说,并不能达到预期的目的。为了克服这种困难,正如维理士(B. Willis)和彭克(Penck)曾着重指出过的,我们必须假定地球上的海水在陆桥沉没时曾经有过成比例的增加,此外就没有别的办法。但这当然是不大可能的,到目前为止,也没有人认真提出过、拥护过这种说法。较为可能的假定,则是海水量基本上没有增减,所以在整个地质时期中,大陆块大部分是露出水面的。这就使我们不得不得出全部海洋区基本上是永存的结论了。这就是说,如果大陆的位置不变(我们认为这是显然的),则地球表面上的各大洋也就是永存的现象了。

永存说支持者是以地壳均衡的地球物理事实,即以地壳均衡说为基础的。按均衡说,较轻的地壳表层是漂浮在较重的下层岩浆之上的。就像漂在水里的一块木头一样,上面加了重物,在水里就沉得更深。所以按照阿基米德原理,这最上层岩壳的加厚地区会更多地深沉在密重的岩浆中。比如,在大陆冰川时期即产生过这种现象。大陆在冰块的重压下下沉时形成的海岸线,在冰块消融后会再度上升。祁尔(G. de Geer)在上升海岸区所绘的等升线表明:斯堪的纳维亚的中部曾经在最后一次冰期中至少下沉了 250 米[1],在离冰川中心部分较远

---

① 祁尔:《关于冰期以后的斯堪的纳维亚的地理演化》(*Om Skandinaviens geografiska Utvekling efter Istiden*),1896 年斯德哥尔摩出版。

处,下沉的幅度相应减小些,而估计在最大冰期中下沉的幅度还要大些。祁尔在北美洲的冰川区也发现了同样的现象。鲁兹基根据均衡说曾计算出大陆冰川的恰当厚度,在斯堪的纳维亚为 930 米,在北美洲为 1670 米,而北美洲的沉降幅度达 500 米。[1] 由于地壳下部的岩浆层不像水那样易于流动,而是极具有黏性的,所有这类补偿性的地壳均衡运动必然大大落后,所以海岸线一般总是形成在冰川虽已消融但陆地尚未上升之时。

事实上,斯堪的纳维亚目前还在上升中,如水准测量所示,速度为每 100 年上升 1 米。正如费希尔(Osmond Fisher)所首先看到的,沉积层的堆积也能导致陆块的下沉。沉积加厚时陆块缓缓下沉,而继续进行新的沉积,地面高度则几乎保持不变。这样一来,虽在浅水之中,厚达数千米的沉积层还是可以生成的。

普拉特(Pratt)认为重力测量是地壳均衡说的物理基础["均衡"一词是由杜顿(Dutton)于 1892 年所创]。1855年,普拉特已经证实喜马拉雅山并不对铅垂线测验发生

---

[1]　鲁兹基:《地球物理学》,第 229 页,1911 年莱比锡出版。

预期的作用。① 他由此推论巨大山系的重力并不产生预期的偏差值(这一点已被公认)。看来,巨大的山块似为其地下部分的某种物质不足所抵偿。艾里(G. Airy)、法埃(Faye)和黑尔茂特(F. R. Helmert)等人的论述中都曾指出过这一点。最近,科斯马特在一篇极为简洁的论文中也论证到这点。② 海洋上则不然,虽然由于大洋盆地的凹陷,质量显然减小,其重力值一般是正常的。早些时候对于岛屿的重力测量值却有一些不同的说法。但赫克尔(O. Hecker)自在船上测量重力的方法成功以后[他接受莫恩(Mohn)的建议,不用钟摆,因为在船上不能用钟摆,而用了同时测读水银气压表和沸点温度表的方法],曾在大西洋、印度洋及太平洋上几次航行中进行此种测量,获得了确定的结果。大洋盆地的物质不足必然被其底下的

----

① 在离喜马拉雅山脚 50 英里的恒河平原上的卡利亚纳(Kaliana)地方,铅垂线的向北偏差仅为 1 秒,而山体的引力应该产生 58 秒的偏向。同样,在贾尔派古里(Jalpaiguri)地方也只有 1 秒,而不是应有的 77 秒(根据科斯马特的测定)。

② 科斯马特:《重力异常与地壳结构的关系》(*Die Beziehungen zwischen Schwereanomalien und Bau der Erdrinde*),载 1921 年德国《地质杂志》第 12 卷第 165—189 页。

物质过剩所补偿。这种情形恰与山脉相反。这种地壳下层的物质过剩与物质不足的情况究竟应如何解释，随着时代的进展而产生了各种不同的推测。普拉特设想地壳原为一种到处厚度相同的犹如面团一样的东西，膨胀处为大陆，压缩处为海洋。海福特（F. J. Hayford）和黑尔茂特进一步发展了这个设想，并且一般地用来说明重力观测的结果。

近来却有另一见解，这个见解早已于 1859 年为艾里所发表，其后主要因施韦达尔（W. Schweydar）的研究而著名。[①] 此说认为大陆是较轻的陆块，它漂浮在较重的深处物质上。海姆早就认为这个较轻的地壳在山脉下面是加厚的，并把重岩浆挤到更深的地方（参照第 3图）。与此相反，在海洋下面这层地壳一定非常之薄（按大陆漂移学说，在这里这层地壳是不存在的）。均衡说的最新发展主要是它的应用范围问题。对于大块陆地来说，例如整个大洲或整个大洋底部，均衡现象的存在是没有问题的。但是在小范围内，例如个别的山区，这

---

① 施韦达尔：《对于魏格纳大陆漂移学说的探讨》（*Bemerkungen zu Wegener's Hypothese der Verschiebung der Kontinente*），1921 年《柏林地学会杂志》第 120—125 页。

个学说就不适用了。这样小的陆块好像浮在冰块上的石头一样,石头可以被冰块的弹性支持着,均衡力只是作用于冰块和石头之间。同理,凡直径达数百到数千千米的有山的大洲,很少有违反均衡作用的情况;如果陆块的直径只有数十千米,那么至多只有局部的补偿作用;如果陆块直径小至数千米,补偿作用也就几乎不存在了。

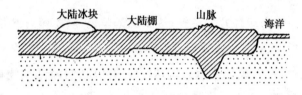

第 3 图　根据地壳均衡说作的岩圈剖面图

　　这个均衡学说,即地壳漂浮说,已经从各种实测特别是重力测量方面得到如此充分的肯定,以致今日已可作为地球物理学上最有力的基本概念了。

　　按照这个学说看来,一个海洋区不可能整个上升出海面,一个未经载重的大陆也不可能沉没为深海。微小的升降高达数百米,即其幅度足以形成大陆棚的升露与淹没,是完全可能的。例如在地极移动时,由于地球在适应旋转的新椭球体时有所落后,就可能会产生这些微小的升降。但假如认为这种升降变化和大洲沉没为深海的变化只是程度上的不同,那就错了。因为大洲沉没为深海,将意味着地壳上层频率最大值转移到地壳下层,这是不可能的。同时也找不到什么物理上的原因能解释大洋底部为什么如此平坦,并缺少一个中间层的事实。由此看来,永存说的支持者反对陆桥沉没说是有他们的充分理由的。

但是,永存说的支持者却从大陆自古迄今一直未曾变动的假定出发,所以在正确的前提下得出了错误的结论。他们说:"大洋盆地是地面上的永存现象,自从贮水以来,它们的轮廓虽少有变化,但它们的位置却今昔无异。"①当我们把大陆的水平移动加以考虑时,对永存说就只能同意其中的一点,即大陆面积与大洋底的总面积

---

① 维理士:《古地理学原理》(*Principles of Palaeogeography*)一文,载 1910 年英国《科学》(*Science*)杂志第 31 卷第 790 号第 241—260 页。这当然是一个武断的说法。其他作者,例如索格尔(Sörgel),他在《大西洋裂隙和对魏格纳大陆漂移学说的评注》(*Die Atlantische 'Spalte', Kritische Bemerkungen zu A. Wegener's Theorie von der Kontinentalverschiebung*)一文中[载 1916 年《德国地质学会月刊》(*Monatsber. d. deutsch. Geol. Ges.*)第 68 卷第 200—239 页]提出一种折中的说法,允许这些桥形的陆地可以缩小为大洋盆地边缘的陆桥。但这种妥协并不成功。因为这样一来,不但解释生物亲缘关系更为困难,而且在物理学上的根据也不充分。

是大致确定不变的(除了大陆的面积在不同时期中稍有伸缩外)。前面所引的永存说的所有论据也只有这一点是真实可靠的。

我们必须这样完全拒绝冷缩说,而对于陆桥说与永存说,我们则只需将它们的论据化为理应得出的结论,以便通过大陆漂移学说来协调这两种如此对立的理论。大陆漂移学说的说法是:陆地的联结是有过的,但不是后来沉没的陆桥,而是大陆间的直接连合;永存的不是个别的海和陆,而是整个的海陆面积。

在以下各章中,我们将尽力提出重要论据,来阐明大陆漂移学说的正确性。

地质学的论证

大西洋是一个非常宽阔的裂隙，其两岸边缘过去曾直接连合。这个设想通过两侧地质构造的比较而经受住了严格的检验。因为在分离以前，大陆上的褶皱山脉与其他构造应是相互连续的，所以在大西洋两侧的构造末端必然会位于同一位置，相互并合时就可以直接连续起来。由于大陆边缘轮廓鲜明，这种并合是很刻板的，没有任何迁就的余地。所以这个独特的指标在检验大陆漂移学说的正确性上具有最大的价值。

大西洋裂隙最宽处是在其分裂最早的南部。这里的宽度达 6220 千米，在圣罗克角与喀麦隆之间为 4880 千米，在纽芬兰浅滩与不列颠陆棚之间为 2410 千米，在斯科兹比湾（Scoresby Sound）与哈默菲斯特（Hammerfest）之间只有 1300 千米，而在东北格陵兰与斯匹次卑尔根岛之间仅宽 200～300 千米。这个最后部分的分裂看来是在最近发生的。

让我们从南部比较起。在非洲最南端有一条属二叠纪褶皱的东西走向的山脉[次瓦尔特山(Zwarte Berge)]。若把大陆合并,则此山应西延及于布宜诺斯艾利斯省以南的地区,而在地图上这里没有什么显著的地形。但令人感兴趣的是,开台尔(H. Keidel)[①]却在这里发现了处于一条低山中的古老褶皱,特别是在此山的南部,褶皱更为强烈。从它的构造、岩石的层次与含有的化石看来,它不仅和圣胡安(San Juan)与门多萨(Mendoza)省西北部靠近安第斯褶皱山脚的前科迪勒拉山系(Pre-Cordillera Mts)完全相似,也和南非洲的开普山脉(Cape Mountain)一模一样。开台尔说道:"在布宜诺斯艾利斯

①　H. 开台尔:《阿根廷山地内移位构造的年代、分布及其作用方向》(*Über das Alter, die Verbreitung und die gegenseitigen Beziehungen der verschiedenen tektonischen Strukturen in der argentinischen Gebirgen*),载《第十二届国际地质学会汇刊》。参见另一详述论文,题为《布宜诺斯艾利斯省山地的地质及其与南非山地的关系》(*La Geología de las Sierras de la Provincia de Buenos Aires y sus Relaciones con las Montatas de Sud Africa y los Andes*),载《阿根廷农业部双月刊——地质矿物专号》(*Annales del Ministerio de Agricultura de la Nación, Sección Geología, Mineralogía y Minería*)第 11 卷第 3 号,1916 年布宜诺斯艾利斯出版。

省的山地中,特别是山地的南部,我们发现了和南非开普山脉极为相似的岩层,其中最为一致的至少有三层,即后期泥盆纪海相沉积的下砂岩层、含有化石的页岩层(分布最广)和上古生代的冰川砾岩层(较新而具有显著特征)。泥盆纪海相沉积和冰川砾岩层跟开普山脉一样均被强烈地褶皱着,两处都向北方移动……"

由此可以证实这里存在着一条很长的古老褶皱,它横断非洲南部,行经南美洲布宜诺斯艾利斯省的南方,然后北折,与安第斯山脉联结。这条褶皱山脉的断裂部分现在却被深达 6000 米以上的平整的洋底所隔离了。若把两处毫不移挪地拼凑拢来,它们恰好接合;而从圣罗克角到布宜诺斯艾利斯山地的距离和从喀麦隆到开普山脉的距离也恰恰相等。[①] 并合的确切证据是如此显著,就像把一张名片撕裂成两半然后再并拢来一样。在拼合中只有细微的参差,即当锡德山脉(Cedar Berge)伸达海岸时,有离南非走向稍稍偏北的倾向。这支延伸不

---

① 若按照反对论者的做法,从圣罗克角和喀麦隆的 1000 米等深线处量起,距离当然就不相等了。在这些等深线上,两大陆并不完全吻合。但是在下文中我们要指出:两大陆的原始轮廓在大陆缘的上部保存较好,在大陆缘的下部却向横侧流塌。因此,接合处照例应放在向深海倾斜的陡坡的上缘才对。

远即行湮没的偏北支脉是一支局部的偏折,很可能是由于以后裂隙发生的间断所产生的。在欧洲褶皱山系的石炭纪和第三纪地层中,可以看到更大规模上的这样的支脉,但这些并不妨碍我们把它们连成一系,并把它们归于同一成因。

再说,如果非洲的褶皱后来曾有继续(据新近的研究证实确是如此),它们在时代上也不会有所差异。正如开台尔所说:"在布宜诺斯艾利斯南部的山地中,最新的冰碛砾岩是褶皱了的,在开普山脉中位于冈瓦纳系[卡鲁(Karroo)层]底部的埃加(Ecca)层也有活动过的迹象……因此,两处的主要运动可能是发生在二叠纪与下石炭纪之间。"

除布宜诺斯艾利斯的低山是开普山脉的延续这一见解的正确性已被证实外,在大西洋两岸还有其他许多例证。在很长时期内未经褶皱的巨大非洲片麻岩高原和巴西的片麻岩高原十分相似。这种相似并不限于在一般特征方面,而是表现为海洋两边的火成岩与沉积物以及古代褶皱方向的完全一致。

白劳威尔(H. A. Brouwer)最先对两边的火成岩进行

了粗略的比较。[①] 他发现至少有五种岩石是相同的。即：
① 老花岗岩，② 新花岗岩，③ 基性岩，④ 侏罗纪火山岩
与粗粒玄武岩，⑤ 角砾云母橄榄岩和方柱煌斑岩等。

在巴西，老花岗岩是所谓"巴西杂岩"的组成部分；而
在非洲，则老花岗岩组成西南非洲的"基础杂岩"、开普省
南部的马耳梅斯布利(Malmesbury)系和德兰士瓦(Trans-
vaal)与罗得西亚(Rhodesia)的斯威士兰(Swaziland)系。
白劳威尔说："巴西东岸的马尔山脉(Serrado Mar)以及与
此遥遥相对的中南非洲的西岸，大部分都由这些岩石组
成，它们对两大陆的景观给予了相同的地形特征。"

新花岗岩侵入巴西的米纳斯吉拉斯省(Minas Geraes)
和戈亚斯(Goyaz)省的米纳斯系中，形成了金矿脉，也侵
入圣保罗(São Paulo)省的米纳斯系中。在非洲则有赫
雷罗斯(Hereros)地区的伊隆哥(Erongo)花岗岩和达马
拉兰(Damaraland)西北部的布兰特堡(Brandberg)花岗
岩与之相对应。德兰士瓦的布希佛耳特(Bushveld)的

---

① 　白劳威尔：《里约热内卢西北格里西诺山地的基性岩以及巴西与
南非喷出岩的一致》(De alkaligesteenten van de Serra do Gericino ten Noord-
westen van Rio de Janeiro en de overeenkomst der eruptiefgesteenten van
Brazilii en Zuid-Afrika)，载 1921 年《阿姆斯特丹科学院学报》(Kon. Akad.
van Wetensch. te Amsterdam)第 29 集第 1005—1020 页。

火成杂岩中的花岗岩也同属一物。

基性岩也恰恰在对应的两岸发现：在巴西一边发现在马尔山地各处[如伊塔提艾亚(Itatiayia)、里约热内卢附近的格里西诺(Gericino)山地、丁古阿山地(Serra de Tingua)和弗里乌角(Cabo Frio)]；在非洲一边则发现在卢得立次兰(Lüderitzland)海岸[在斯瓦科蒙特(Svako-pmund)以北的克罗斯角(Cape Cross)附近]及安哥拉境内。在离海岸较远处，两边都有直径约30千米的喷出岩区，一边是米纳斯吉拉斯省的波苏斯迪－卡耳达斯(Pocos de Caldas)，一边是德兰士瓦省勒斯顿伯格(Rustenburg)区的皮兰斯堡(Pilandsberg)。这些基性岩的深成相、矿脉相及喷出相的形成过程都完全相同。

关于第四种岩石即侏罗纪火山岩和粗粒玄武岩，白劳威尔是这样说的："和南非洲一样，有一厚层的火山岩发育于圣卡塔里纳(Santa Catharina)系的下部，和南非的卡鲁系大致相当。这些岩石形成于侏罗纪时代，在南里约格朗德(Rio Grande do Sul)、圣卡塔里纳、巴拉那(Parana)、圣保罗和马托格罗索(Matto Grosso)省，甚至在阿根廷、乌拉圭和巴拉圭境内都覆盖了广大的地面。"在非洲，这一类岩石属于南纬 $18°\sim21°$ 之间的高科

(Kaoko)层，相当于巴西南部的圣卡塔里纳与南里约格朗德省的同一岩系。

最后一个岩组（角砾云母橄榄岩与方柱煌斑岩等）是大家所熟知的。它们形成了金刚石岩脉，在巴西与南非都可找到。两处都发现一种"管状"的特殊沙矿。"白色"金刚石仅见于巴西的米纳斯吉拉斯省和南非的桔河（Orange River）以北。但除了这些少见的金刚石脉外，角砾云母橄榄岩的分布有更为明显的一致性，它在里约热内卢省的岩脉中也已找到。白劳威尔说道："巴西的岩组像南非西岸的角砾云母橄榄岩一样，实际上都属于云母成分较少的玄武岩变种。"

白劳威尔又着重指出两边沉积岩的相似情况。他说："大西洋两岸各组沉积岩的相似性同样是非常明显的。我们只要举南非的卡鲁系与巴西的圣卡塔里纳系就可以看出。圣卡塔里纳省与南里约格朗德省的沃尔里昂（Orleans）砾岩和南非的德乌加（Dwyka）砾岩相当，它们的最上层又都是由著名的厚层火山岩组成的，例如开普省的德腊肯斯堡山（Drakensberg）及南里约格朗德省的日伊腊耳山（Serra Geral）最上层即是如此。"

按托阿特(A. L. Toit)的研究,①南美洲的二叠石炭纪冰漂石一部分也是从南非洲来的。他说:"巴西南部的冰碛,按柯尔曼(A. C. Coleman)的说法,可能是从东南面②现有海岸线以外的一个冰川中心带来的。柯尔曼和伍德沃思(J. B. Woodworth)两人也都记载着一种特殊的石英岩漂石或一种带有斑纹的碧玉卵石的磨石漂石。从对它们的描述看来,这些漂石和从来自格里圭兰威斯特(Griqualand West)的马策帕(Matsap)层山脉的德兰士瓦冰川内所采集到的漂石(向西至少搬运了经度18°)恰巧是一样的。因此,若考虑到大陆漂移学说,这些漂石难道就不能搬运到更西的地方吗?"

前面已经说过,通过两洲巨大片麻岩高原的古代褶皱,其褶皱方向也是一致的。在非洲方面,我们可以参看勒摩恩(P. Lemoine)的地图(第8图)。这幅地图并不是为说明这个问题绘制的,所以并不很清楚地表明我们

---

① 托阿特:《南非洲的石炭纪冰川》(*The Carboniferous Glaciation of South Africa*),载1921年《南非地质学会译报》(*Trans. Geol. Soc. S. Africa*),第24卷第188—227页。

② 这里所写为一笔误,原文为"西南"。

所需要的事实,但尽管如此,还是可以看出这个事实来。[①] 在非洲大陆的片麻岩块上有两组比较突出的主要走向,较老的一组是东北走向,主要是在苏丹,在向东北直流的尼日尔河上游直至喀麦隆也可以看到。它和海岸线以45°的角度相交。在喀麦隆以南,我们在图上可以看到另一组年轻的走向,主要作南北向,与弯曲的海岸平行。

第8图 非洲构造线走向(勒摩恩)

① 勒摩恩:《西非洲》(Afrique occidentale),《区域地质手册》(Handb. d. Regionalen Geologie)第7卷6A第14篇第57页,1913年海德堡(Heidelberg)出版。

在巴西方面,我们也看到同样的现象。苏斯写道:"东圭亚那的地图……显示出构成该区的古代岩层的走向大致为东西向。构成巴西北部的古生代沉积层也是东西走向。从卡晏(Cayenne)到亚马逊河口的一段海岸恰和这个走向相斜交……从目前已知的巴西构造来说,必须认为直至圣罗克角的大陆轮廓也和山脉走向相交。但从这些山脚丘陵直到接近乌拉圭一带,海岸线的位置就和山脉一致了。"这里,河流的流向大体上也是沿着这个走向的[一边是亚马逊河,一边是圣弗朗西斯科(San Francisco)河和巴拉那河]。诚然,根据较新的研究,如开台尔的南美洲构造图(第9图)所示,还可看到存在有第三组走向,它平行于北方海岸,使那里的关系稍见复杂。但上述其他两组走向在这幅图上都表示得很清楚,只是离海岸稍远些罢了。由于把大陆并合时,南美洲需要略加旋转,那么亚马逊河的流向将和尼日尔河上游的流向完全平行;这样,这两组走向也就和非洲一致起来了。从这个事实中,我们看到了两大陆过去曾直接连合过的又一证据。

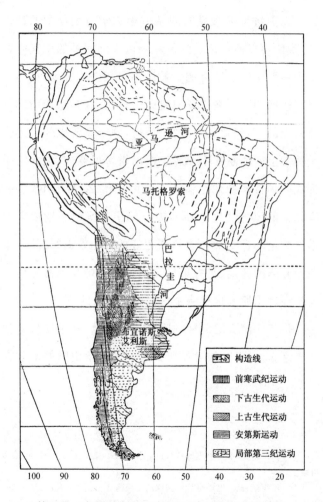

亚马逊河

马托格罗索

巴拉圭河

布宜诺斯艾利斯

构造线

前寒武纪运动

下古生代运动

上古生代运动

安第斯运动

局部第三纪运动

第9图 南美洲构造图(J. W. 伊文思和 H. 开台尔)

在即将于下章说明的从古生物学与生物学的论证中,我们可以确信南美洲及非洲两大陆间种的交换是在下中白垩纪时代结束的。帕萨格(S. Passarge)[①]认为南非洲边缘的断裂在侏罗纪时即已存在,它是从南向北逐渐开裂的,而裂隙则形成得更早。这个见解也和上述古生物学上的论断并不矛盾。在巴塔哥尼亚,断裂的结果形成一种特殊的陆块移动。温得豪孙(A. Windhausen)有如下的记述:"这个新断裂开始于白垩纪中期的大规模区域运动。"[②]当时,巴塔哥尼亚的陆地表面"是从一个急斜倾陷的洼地、具有干燥和半干燥气候并上复砾质荒漠与沙质平原的这样一个地区转变过来的。"

位于非洲大陆北缘的阿特拉斯山脉,其主要褶皱形成于渐新世,但褶皱开始于白垩纪。这条山脉并不能在

[①] 帕萨格:《喀拉哈里地区》(*Die Kalahari*)第597页,1904年柏林出版。

[②] 温得豪孙:《巴塔哥尼亚南部的地层与造山运动》(*Ein Blick auf Schichtenfolge und Gebirgsbau im südlichen Patagonien*),1921年德国《地质杂志》第12卷第109—137页。

美洲方面找到其延续①。这和我们的见解也是一致的。因为这时候在这一带大西洋裂隙已开裂很久了。也很可能这里一度曾是完全闭合的，而开裂却发生在石炭纪以前。北大西洋西部海洋的深度很大，似乎也说明这一区域的海底要较为古老些。西班牙半岛与其美洲对岸的差异，也是基于同样的道理。② 至于亚速尔群岛、加那利群岛和佛得角群岛则被认为是大陆边缘的碎片，就像浮在冰山前方的小冰片一样。因此，加盖尔（C. Gagel）对加那利群岛和马德拉岛（Madeira Island）的情况作出如下的结论："这些岛屿是从欧非大陆上分裂开来的碎

---

① 金提尔（L. Gentil）曾认定在该时代的中美山脉（特别是安的列斯群岛）中有阿特拉斯山脉的延续，但雅伏尔斯基（Jaworski）反对这种看法，认为这是和一般所公认的苏斯的见解不相容的。这个见解是：南美洲的东部山弧越海入安的列斯群岛，仅从该岛曲向西面，并没有向东伸出任何支脉。

② 很多人以这点来反对大陆漂移学说。举北美洲沿岸的泥盆纪地层来说，在欧洲方面就找不出同样大的具有相同构造的陆块（西班牙太小，而且构造不同）。虽然美洲海岸前方有广大的大陆棚伸延这一点可予注意，但在弄清楚泥盆纪时西班牙陆块的大小与轮廓之前，不能就这个问题发表任何有力的见解。这在目前之所以是不可能的，还因为如果这样做，石炭纪与第三纪厚层褶皱横越伊比里亚半岛这一点就可能被抹杀。但是当大陆漂移学说宣布这一带的泥盆纪构造不能凑合时，谁也不能断言美洲泥盆纪构造对大陆漂移学说提供了反对或肯定的意见。

片,它们是在较近时期中才分离开的。"①

更往北进,我们看到三条并列的古老褶皱带,它们从大西洋的此岸伸延到彼岸,为大陆过去曾经直接连合的设想提供了另一个极为深刻的证明。其中最引人注目的是石炭纪褶皱(苏斯称之为阿摩利坎山脉〔Armorican mountains〕),这个褶皱可使得把北美洲的煤层看作欧洲煤层的直接连续。这些已经强烈侵夷的山脉,从欧洲内陆以弧形的弯曲向西北偏西方向伸展,再向西在爱尔兰西南及布列塔尼(Brittany)形成一种锯齿形的海岸(即里亚斯式海岸)。石炭纪褶皱带的最南支穿过法国,似在法国南部大陆棚上绕曲过来,延续到西班牙半岛,隔一个深海裂隙,像翻开的书本一样形成了比斯开湾(Biscay Bay)。苏斯称这一支为"阿斯土里亚(Asturia)漩涡"。但其主脉显然在大陆棚的较北部向西伸延;它

---

① 加盖尔:《大西洋中部的火山岛》(*Die mittelatlantischen Vulkaninseln*),《区域地质手册》第 7 卷第 4 篇,1910 年海德堡出版。

虽然经波浪的冲蚀而削平,却指向大西洋盆地伸展。[①]
正如贝尔特朗德早在 1887 年所说,在美洲方面这个伸
延部分组成了在新斯科舍(Novo Scotia)及纽芬兰东南
部的阿巴拉契亚山的延续。一条石炭纪的褶皱山脉也
终止于此,与欧洲一样,向北方褶皱。它同样形成了里
亚斯式海岸,然后穿过纽芬兰浅滩的陆棚。这条山脉的
走向一般是东北向,在裂隙附近则转为正东。

　　按过去的说法,它们是属于同一个大褶皱山系,即
苏斯所称呼的"横断大西洋阿尔泰特"(Transatlantic
Altaides)。若用大陆漂移学说把两者并合起来,这个事
实就很容易解释了。可是,过去人们就是假定有一个比
目前可见的两端要长的中间部分已经沉没;这样的假
说,彭克一直感觉到是有困难的。过去,人们把在断裂

---

　　① 科斯马特的见解(见《地中海山脉与地壳均衡说的关系》〔*Die Mediterranen Kettengebirge in ihrer Beziehung zumGleichgewichts- zustande der Erdrinde*〕一文,载《萨克森省科学院学报——数学与物理专号》〔*Abh. d. Math Phys. kl. d. Sächsischen Akad. d. Wiss.*〕第 38 卷第 2 号,1921 年莱比锡出版)和苏斯的见解不同。他认为欧洲的褶皱全体都在大洋区域中回转,然后回向伊比里亚半岛。但这很难说得通,因为大陆棚上不可能容纳下这样大的褶皱弧。

点沿线从海底升起的几个孤立的隆起当作是沉没山脉的顶部。现在，按照我们的学说，它们实是从分离的大陆破裂开来的碎片。这些构造拢动地带有这种碎片脱离开，是极易解释的。

　　欧洲更北部有一条更古老的褶皱山系，形成于志留纪与泥盆纪之间，横贯今日的挪威与苏格兰。苏斯称它为加里东褶皱。安德雷[①]和提尔曼[②]曾论及这个褶皱山系延伸为"加拿大加里东"的问题，亦即延伸到早在加里东运动时已褶皱的加拿大阿巴拉契亚山脉的问题。当然，这个美洲的加里东褶皱后来又受到上述阿摩利坎褶皱的影响，但这并不妨碍欧、美加里东褶皱相互间的一致。阿摩利坎褶皱在欧洲仅发生在霍文（Hohes Venn）

---

　　① 安德雷：《关于加拿大地质的各种文献》（*Verschiedene Beiträge zur Geologie Kanadas*），《贝尔福尔与马尔堡自然科学会通讯》（*Schriften d. Ges. z. Beförd. d. ges. Naturwiss. zu Marburg*）第 13 卷第 7 期第 437 页，1914 年马尔堡出版。

　　② 提尔曼（N. Tilmann）：《加拿大阿巴拉契亚山的结构与构造》（*Die Struktur und tektonische Stellung der kanadischen Appalachen*），1916 年自然科学学会玻恩自然与医药学会下莱因区分会（Sitzber. d. Naturwiss. Abt. d. Niederrhein. Ges. f. Natur-, u. Heilkunde in Bonn）出版。

和阿登（Ardenne）地区，并不见于欧洲的北部。加里东褶皱的相互联结部分在欧洲方面是苏格兰和北爱尔兰高地，在美洲方面是纽芬兰。

在欧洲，加里东褶皱山系以北还有更古老（元古代）的赫布里底与西北苏格兰片麻岩山系。在美洲方面，拉布拉多（Labrador）的同期片麻岩褶皱向南到达贝尔岛（Belle Island）海峡，远远伸入加拿大，与欧洲方面的实相呼应。在欧洲的走向为东北—西南，在美洲则为东北—西南以至东西向。达斯克说："从这一点，我们可以断言：山脉是越北大西洋而伸展的。"[①]按照过去的说法，设想中的沉没的陆桥必须长达 3000 千米；即若按今日大陆的位置，欧洲山脉的直接延续应指向南美洲，故它与美洲部分将相差数千千米之遥。今按大陆漂移学说，美洲部分曾做横向移动，同时作旋转运动，则在恢复大陆的原状后，它自和欧洲部分直接联结，而成为其延续。

再者，在上述地区还发现有北美洲、欧洲第四纪冰

---

① 达斯克：《古地理学的理论基础与方法》第 161 页，1913 年耶拿出版。

川的终碛。若把两大陆合并起来看,这些冰碛也是合为一体、并无间隔的。假如其时两岸和现在一样相隔 2500 千米之遥,这种情况就未必可能。何况北美洲的终碛目前还位于欧洲冰碛以南 4.5°。

综上所述,大西洋两岸的对应,即开普山脉与布宜诺斯艾利斯山地的对应,巴西与非洲大片麻岩高原上喷出岩、沉积岩与走向线的对应,阿摩利坎、加里东与元古代褶皱的对应以及第四纪冰川终碛的对应等,虽然在某些个别问题上还未能得出肯定的结论,但总的说来,对我们所主张的大西洋是一个扩大了的裂隙这一见解,则提供了不可动摇的证据。

虽然陆块的接合还要根据其他现象特别是它们的轮廓等来证实,但在接合之际,一方的构造处处和另一方相对应的构造确切衔接这一点,是具有决定性的重要意义的。就像我们把一张撕碎的报纸按其参差不齐的断边拼凑拢来,如果看到其间印刷文字行列恰好齐合,就不能不承认这两片碎纸原来是联结在一起的。假如其间只有一列印刷文字是联结的,我们已经可以推测有合并的可能性,今却有 n 列联结,则其可能性将增至 n

次乘方。弄清楚这里面的含义,绝不是浪费时间。仅仅根据我们的第一行列,即开普山脉与布宜诺斯艾利斯山地的褶皱,大陆漂移学说的正确性的机会为 1:10;既然现在至少有六个不同的行列可资检验,那么大陆漂移学说的正确性当然为 10^6:1,即 1000000:1。这个数字可能是夸大了些,但我们在判断时应当记住:独立的检验项数增多,该是具有多大的意义。

从上面已论述过的地区再向北看,大西洋裂隙在格陵兰分岔为两支,并渐见狭隘。大西洋两侧的对应已失去其作为证据的价值,因为我们更可以从陆块的现有位置来说明其起源了。但虽然如此,对格陵兰两侧进行全面比较,当不是没有兴味的。我们在爱尔兰和苏格兰的北部,在赫布里底和法鲁岛(Faroe Island)上,找到了广大玄武岩层的块片。在冰岛至格陵兰那边也有分布,还注目地形成格陵兰东岸斯科兹比湾南方的大半岛,并沿海岸延续,直达北纬 75°。大面积的玄武岩流也在格陵兰的西岸找到。在所有这些地方,含有陆生植物的煤田都同样位于两个玄武岩流之间,从此也得出了过去有陆地联结的结论。北美洲(纽芬兰到纽约州)和英国、挪威南部与波罗的海地区,以及格陵兰、斯匹次卑尔根等地的陆相泥盆纪"老红"层的分布,也导致了相同的结论。

综上所述,许多研究成果都表明这里原是一个连续的地带,今天才分裂开来。按过去的说法,这是由于其中间地带沉没了;但大陆漂移学说则认为它是断裂后漂离的结果。

此外,格陵兰东北部在北纬81°附近的未经褶皱的石炭纪沉积物,在对岸的斯匹次卑尔根岛上也有分布,这一情况在这里也值得连带提一提。

在构造上,格陵兰与北美洲之间也存在着预期的一致。按美国地质调查局的北美洲地质图,格陵兰的费尔韦耳角(Cape Farewell)及其西北一带的片麻杂岩中已发现很多前寒武纪喷出岩,这些东西恰巧在相应的美洲一边即在贝尔岛海峡的北边可以看到。

在格陵兰西北的史密斯湾(Smith Sound)与罗伯逊海峡(Robeson Channel)附近,其移动并不以裂隙边缘相互漂离的形式出现,而是一种大规模的水平移位,即所谓平移断层。格临内耳地沿格陵兰滑动,形成了两陆块间显著的直线状边界。这种漂移可以从劳格·科赫

(Lauge Koch)[1]的格陵兰西北地质图上看出(第 10 图)。
图示格临内耳地在北纬 $80°10'$ 与格陵兰在北纬 $81°31'$
处泥盆纪与志留纪间的界线。

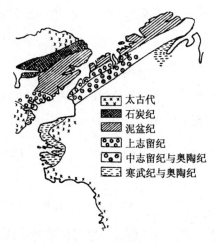

太古代
石炭纪
泥盆纪
上志留纪
中志留纪与奥陶纪
寒武纪与奥陶纪

第 10 图　格陵兰西北部地质图

(劳格·科赫)

在这里,著者拟先把大西洋生成以前的大陆接合情
况稍加论述。关于这个现象的详细讨论,例如硅铝块的

---

[1] 劳格·科赫:《格陵兰西北的地层学》(*Stratigraphy of Northwest Greenland*),载 1920 年《丹麦地质学报》(*Meddeleser fra Dansk geologisk Forening*),第 5 卷第 17 期第 1—78 页。

可塑性、底层的熔化等,将另见一文。但为避免误解起见,必须在裂隙边缘的地质比较方面,作若干说明。

在接合两大陆时,我们必须把南美洲东岸的阿布罗刘斯浅滩(Abrolhos Bank)删去。这里的参差不齐的轮廓和南美陆棚的直线形轮廓之不相协调,当有其特殊成因。这种浅滩可能是熔融的硅铝块(花岗岩)移位时从南美陆块底下浮升于尾部界面的结果。同样,塞舌尔岛(Seychelles Island)的花岗岩块恐是从马达加斯加岛或印度边缘下面浮升上来的。冰岛的基底的成因也可作如此推想。

非洲尼日尔河口三角洲的凸起,在两大陆联结时无须删去。因为巴西西北岸有一个对应着的小海湾,但由于这个海湾太小,并合时这个凸出部分必须大大削小。很多作者着重指出这个三角洲部分并不全是河口堆积物。笔者看来,这个凸出部分(至少其中一部分)很可能是非洲陆块的一种可塑性变形、挤压造成的;在东北非洲与南非洲两大片陆地之间的角隅内,这个过程是容易产生的。下文我们将会谈到在埃塞俄比亚与索马里半岛间的红海上有一个显著的三角形地区,那里也同样产生过这个过程。穿越喀麦隆的裂隙线沿线的火山活动形成了喀麦隆火山,它延伸为斐南多波(Fernando Po)岛、太子岛(Prince's Island)、圣汤姆斯(St. Thomas)岛与安诺本(Anno Bom)等火山岛。这些火山活动即与这种挤压有关。地壳的水平运动产生压缩力,使硅铝块中流动的硅镁质挤出而形成火山,此类现象是到处可以看到的。

我们的大陆复原图和现今地图不同的是北美洲的拉布拉多要向西北推移很远。可以认为:最后导致纽芬兰脱离冰岛的大拉力,在它们分离之前已造成了两大陆块接合部分的拉伸与表面断裂。在美洲方面,不仅纽芬兰陆块(包括纽芬兰浅滩)分裂开来,旋转了30°,而且整个拉布拉多也于此时向东南推移,使得圣劳伦斯河(St. Lawrence River)和贝尔岛海峡的原先直线形裂谷弯成现在的S形。哈得孙湾和北海也由于这个断裂而形成或扩大。因此,在接合中,纽芬兰陆棚受到了两重位置的变换。即:既有旋转,又有西北向的移位,并循着新斯科舍附近的陆棚线远远凸出海中。

至于冰岛,从其周围的海水深度图看,可以认为是位于两个裂隙之间的陆块。最初,格陵兰与挪威的片麻岩块之间形成了一个裂谷,裂谷后来被从陆块下流出的硅铝质熔岩部分地填充着,但由于其余部分是由硅镁层所组成(如同今日的红海),所以一个新的陆块挤压作用会使硅镁层与其底层切断,挤出表面,形成巨大的玄武岩流。假定这个作用很可能发生在第三纪,那么此时南美洲的向西漂移必然会引起北美洲一时的扭转。这样,只要由冰岛至纽芬兰一带的山脉所形成的锚抛着不动,北美洲以北地区必然会出现挤压现象。

在这里,我们也可以简略地谈到中央大西洋的海底浅滩。① 豪格认为整个大西洋是一个巨大的大向斜,而中央大西洋的海底浅滩是这个大向斜的褶皱的开始。今日大多数人认为这个说法是没有充分理由的,读者只要参考安德雷的批评就可以明白。② 按大陆漂移学说,这个浅滩是大西洋裂隙尚狭窄时的裂谷底部。裂谷后来被沉陷的边缘、沿岸沉积和一部分硅铝质熔块所填

---

① 比较:萧特(Schott):《大西洋地理》(*Geographie des Atlantischen Ozeans*)一书中的大西洋海图,1912年汉堡出版。

② 安德雷:《造山运动的条件》第86页及其他,1914年柏林出版。

充。今天盖在这个长形浅滩顶上的岛屿,在那时定是由裂隙边缘的碎片所形成的。这个假说自然并不和这些岛屿的外表结构具有纯火山性相矛盾。当大陆继续向两侧漂移时,这些填充物仍然保留在两大陆间的中央。含有直径达 0.02 毫米的矿粒的所谓深海砂,显然是近岸的沉积物,而它们却在大西洋的中央,为瓦尔提维亚(Valdivia)探险家和德里加尔斯基(Drygalski)领导的德国南极探险队所发现。这一事实足以证明我们设想的正确性。因为只有这样,海底的各部分才能在早些时期与陆岸相邻近。

就本学说来说,需要从地质学方面来论证古代大陆的联结的,除大西洋的分离外,其他就不多了。

马达加斯加岛和邻近的非洲一样,是一个东北走向的褶皱的片麻岩台地。在断裂线的两侧堆积了相同的海相沉积物,这就说明了它和非洲自三叠纪开始就被一个淹没了的断层沟所分开。就马达加斯加的陆栖动物群而言,也必须如此。但据勒摩恩的研究[1],有两种动物(河猪与河马)曾在第三纪中叶(即印度已经分离以后)

---

① 勒摩恩:《马达加斯加岛》(*Madagaskar*),《区域地质手册》第 7 卷第 6 篇第 27 页,1911 年海德堡出版。

从非洲移入马达加斯加岛。这些动物至多只能越过宽达 30 千米的海峡,而今日莫桑比克海峡的宽度几达 400 千米。按此说来,马达加斯加岛只能是在第三纪以后才脱离非洲的,而印度的向东北漂移则比马达加斯加岛早得多。

印度也是一个褶皱的片麻岩平坦地台,在今日极古老的阿腊瓦利(Aravali)山脉[在塔尔(Thar)荒漠边上]和科腊那山脉(Korana Mountains)中,还可以看到这些褶皱。根据苏斯的研究,前者走向为东 36°北,后者的走向亦为东北。这些山脉的走向都和非洲与马达加斯加一致。只要把印度略加旋转,就可以并合拢来。在内洛尔(Nellore)阶状山地或在维拉康达山脉(Vellakonda mountains)中还有中生代后期的褶皱,为南北走向,它和非洲的南北走向线极为一致。印度的钻石产地和南非的钻石产地是一脉相承的。我们的复原图上,印度西岸是和马达加斯加东岸相联结的,两岸都由片麻岩高原上的直线断裂所组成;在裂隙扩大的过程中,沿这些断裂线可能有像格临内耳地与格陵兰之间一样的相互滑移。玄武岩在断裂的两边的北端都有流出,断裂的两边均长达纬度 10°。德干高原的玄武岩层南起北纬 16°,是在第三纪初期流出的,可以推想它和这时大陆的分离有关。在马达加斯加,岛的最北端是由两个不同期的古代玄武岩形成的,其生成时代与成因还没能确切查明。

巨大的喜马拉雅褶皱山系主要形成于第三纪,显示出大块地壳的皱缩。若恢复其原状,亚洲轮廓将大为改观。从中国西藏、蒙古到贝加尔湖,甚至到白令海峡一线以东的整个东亚地区,都受到这个皱缩的影响。新近的研究表明:这个褶皱过程并不限于喜马拉雅山区,比如在彼得大帝山脉(Peter the Great Mountains)[1]中也看到始新世地层曾被强烈褶皱成海拔 5600 米的高山,并且在天山山脉中也产生过逆掩冲断层。[2] 即使有些地方没有褶皱现象,仅有稳定地区的隆升,也和这个褶皱运动具有密切的联系。在这里,巨大的硅铝块因被褶皱

---

[1]　在今塔吉克斯坦共和国境内。——编者

[2]　克勒白尔斯伯格(R. von Klebelsberg):《德奥阿尔卑斯协会的帕米尔地质探险》(Die Pamir-Expedition des Deutsch. u. Österr. Alpen-Vereins vom geologischen Standpunkt),1914 年(第 45 卷)《德奥杂志》(Zeitschr. d. Deutsch. u. Osterr.) A—V,第 52—60 页,以及作者所收到的信件。他的主要著作尚未刊印。

而深陷,所以必然熔化而散开到相邻陆块的底部,然后把地面抬升。

假如我们在这里仅就亚洲陆块的最高区域(此处海拔 4000 米,褶皱距离达 1000 千米)来说,按阿尔卑斯山的皱缩率即缩至原长度的 1/4 来计算(虽然它比阿尔卑斯山要高得多),我们可算出印度的移动距离当为 3000 千米左右。可见在褶皱运动开始以前,印度必然位于马达加斯加附近。过去那种在印度与马达加斯加之间有雷牟利亚(Lemuria)陆桥沉没的说法,也就无立足的余地了。

这个规模巨大的皱缩可在其褶皱带的两侧看到许多证迹。马达加斯加岛从非洲分开及东非近期裂谷带的形成(包括红海与约旦河谷),就是这个大褶皱所产生的一部分现象。索马里半岛可能曾稍向北推,迫使阿比西尼亚山系隆升。深沉在熔点等温线以下的硅铝块在陆块底部流向东北,而在阿比西尼亚与索马里半岛间的角隅处喷升到地面上来。阿拉伯半岛也受到向东北的挤压力的影响,驱使阿克达山脉(Akdar mountains)像一个鞋钉一样戳入波斯山系。兴都库什与苏来曼山脉

(Sulaiman mountains)的扇形汇集，表明这里已到达了皱缩区的西限。同样的情况出现在皱缩区的东限。在那里，缅甸山地转趋回折，以南北走向穿过越南、马六甲与苏门答腊。

总之，东亚全部都受到这个皱缩运动的影响：其西限为兴都库什山与贝加尔湖之间的雁行褶皱山脉，一直伸延到白令海峡；其东限为拥有东亚花彩列岛的凸形海岸。

第 11 图　雷牟利亚古陆的皱缩

按我们的学说，印度的东岸和澳洲的西岸也是联结过的。印度东岸也是片麻岩高原上的陡峭的断裂线，其中只有狭沟状的哥达瓦里（Godavari）煤田一段（由下冈瓦纳地层所组成）是例外。沿海一带，上冈瓦纳地层不整合地覆盖在其边部。和印度与非洲一样的波状起伏的片麻岩地台也已在澳洲西部找到。在澳洲西岸，这个地台以一个长而陡的斜坡（达令山脉及其北延部分）向海洋倾斜。在陡坡的前方有一条低平地带，是由古生代、中生代地层组成的，有些地方为玄武岩流所切穿。在这条低平地带的更前方，还有一条狭窄的时现时隐的片麻岩带。在伊尔文河（Irwin River）上，地层内也含有煤系。澳洲片麻岩褶皱的走向一般作南北向，若和印度接合起来，则转为东北—西南向，因而和印度的主要构造线的走向平行。

在澳洲东部，其褶皱主要发生于石炭纪的科迪勒拉山系，沿海岸走向南北。当它逐步退缩时，即以雁行褶皱而告终，并常各自大致作南北向。它和兴都库什山与贝加尔湖之间的雁行褶皱一样，是皱缩运动的侧限。从阿拉斯加穿越四大洲（北美洲、南美洲、南极洲与澳洲）

的巨大安第斯褶皱以此为终点。澳洲科迪勒拉山系以最西的一脉为最老,最东的一脉为最新。塔斯马尼亚岛是这个褶皱山系的延续。这个山系与南美安第斯山系在构造上显示出的相似性是很有趣的。南美安第斯山系因位于南极的对面,即以其最东一脉为最老。澳洲没有最新的褶皱山系,但苏斯却在新西兰找到了它们。[①]当然,新西兰的山脉还是形成于第三纪以前的。苏斯说:"按大多数新西兰地质学者的意见,毛里山脉(Maorian mountains)的主要褶皱是在侏罗纪与白垩纪之间形成的。"在此以前,这时全为海水所淹,直至褶皱发生以后,"新西兰地区才转变为陆地"。上白垩纪及第三纪沉积仅见于边缘部分,且未经褶皱。在新西兰的南岛上,白垩纪沉积物仅见于东岸,不见于西岸,可见那时西岸当有陆地相联结。西岸是在第三纪时代就分开的,"因为第三纪海相沉积物在这里也有发现"。最后,在第三纪末期又发生了较小的褶皱、断层与逆掩冲断层,才形

---

① 苏斯:《地球的表面》(*Das Antlitz der Erde*)第 2 卷第 203 页,1888 年维也纳出版。又见苏拉斯(Sollas)英译本,第 2 卷第 162 页,1906年牛津出版。

成今日的山地地形。[①] 所有这些都可以拿大陆漂移学说来解释：即新西兰原为澳洲科迪勒拉山系的东缘,但当这些山脉与大陆分离而形成花彩岛时,褶皱运动就中止了。至于第三纪末期的变动,则大概和澳洲陆块的推移和漂离有关。

从新几内亚地区的海深图上可以看出澳洲后期运动的细节。如示意性的第 12 图所示,澳洲大陆块具有

第 12 图　新几内亚岛链的散布

(示意图)

厚如铁砧的前端,这是由于在新几内亚褶皱成高大而年轻的山脉时,澳洲陆块前端从东南方挤到原先闭合的巽他群岛(Sunda Islands)与俾斯麦群岛(Bismarok Arohipelago)(这时位于较南)的中间去了。在第 13 图的海深

---

　　① 威尔根斯(O. Wilckens):《新西兰的地质》(*Die Geologie von Neuseeland*),1920 年《自然科学杂志》(*Die Naturwissenschaften*)第 41 期。又载 1917 年德国《地质杂志》第 8 期第 143—161 页。

图上①,我们看到巽他群岛的最南两列岛弧:爪哇—韦特尔(Wetter)岛弧东西走向,在其东端绕班达群岛(Banda Islands)作螺旋形的折曲而止于实武牙浅滩(Siboga Bank)时,走向从东北北转为西北西及西南。位于其前方的帝汶(Timor)岛弧,在和澳洲陆棚相撞时也改变了位置和走向。白劳威尔曾对此作详尽的地质论述。② 这条岛弧也同样作强烈的螺旋形折曲而止于布鲁岛(Buru Island)。

　　在新几内亚东边,也可以看到足以补充说明这个过程的同样有趣的情况。新几内亚岛从东南方移来,紧擦俾斯麦群岛,以其原先的东南端触及新不列颠岛,在移拉中使这个长岛旋转了 90°,而弯曲成半圆形;在岛的后

---

　　① 最好的巽他群岛图见于莫伦格拉夫(G. A. F. Molengraaff)《东印度群岛近代深海的研究》(*Modern Deep-sea Research in the East Indian Archipelago*)一文中,载 1921 年英国《地理杂志》第 95—121 页。该图陆高、海深等值线间距是相同的,看起来最为清楚。

　　② 白劳威尔:《东印度群岛东部岛弧区的地壳运动》(*On the Crustal Movements in the Region of the Curving Rows of Islands in the Eastern Part of the East Indian Archipelago*),载 1916 年《阿姆斯特丹科学院汇刊》(*Kon. Ak. v. Wetensk. te Amsterdam Proceed*)第 22 卷第 7—8 号。又载 1917 年德国《地质杂志》第 8 卷第 5—8 期和 1920 年《哥廷根科学协会会刊》(*Nachr. d. Ges. d. Wissensch. z. Göttingen*)。

方留下了一道深海道,但由于行动的急剧,硅镁质没有能够填充进去。

第13图 新几内亚附近的海深图

很多人或许认为,仅仅看了海深图就得出上述结论,未免太大胆了吧。但实际上,海深图上到处都可以作为陆块移动的可靠指南,特别在近期地质年代中最为有用。在支持我们的学说方面,有一件事是值得一提的:即首先采用大陆漂移学说的是在巽他群岛工作的荷兰地质学家。[1] 事实上，个别进行的研究的许多成果都证明了我们学说的正确性。例如，王纳尔(B. Wanner)对于布鲁岛与苏拉威西之间存在深海(在构造上是不可能的)的解释，是布鲁岛曾做了 10 千米的水平移动，这就和我们的想法非常吻合。[2] 在莫伦格拉夫[3]的巽他群岛海图上，注出珊瑚礁区的海拔超过 5 米。按大陆漂移学说，这个地区恰恰是相当于硅铝层由于皱缩而加厚的

---

[1]　莫伦格拉夫：《珊瑚礁问题与均衡说》(*The Coral Reef Problem and Isostasy*)，载 1916 年《阿姆斯特丹科学院汇刊》，见第 621 页的附注。乌伦(L. van Vuuren)：《西里伯斯政府论文集》(*Het Gouvernement Celebes, Proeve eener Monographic*)第 1 卷，1920 年(特别注意第 6—50 页)。温·伊斯特(Wing East)：《在魏格纳大陆漂移学说启发下的马来群岛的移位》(*Het onstaan van der maleischen Archipel. bezien in het licht van Wegener's hy pothesen*)一文，载 1921 年《全荷兰地理学会杂志》(*Tijdschrift van het Kon. Nederlandsch Aardrijkskundig Genootschap*)，第 38 卷第 4 期第 484—512 页；又见其《魏格纳学说的引申及其对大向斜与均衡说的意义》(*On Some Extensions of Wegener's Hypothesis and their Bearing upon the Meaning of the terms Geosynclines and Isostasy*)一文，载 1921 年《荷兰殖民地高山学会地质专刊》(*Verh. van het Geolog.—Mijnbouwkundig Genootschap voor Nederland en Kolonien. Geolog. Ser.*)第 5 卷第 113—133 页(但我对这个作者所提出的大陆漂移学说的修改意见无论如何不能同意)。

[2]　王纳尔：《摩鹿加群岛的构造》(*Zur Tektonik der Molukken*)，1921 年德国《地质杂志》，第 12 卷第 160 页。

[3]　莫伦格拉夫：《荷属东印度的海洋地质》(*De Geologie der Zeein van Nederlandsch Oost-Indie*)一书中，1921 年莱顿(Leiden)出版。

地区,即澳洲陆块前方的整个地区,包括苏拉威西岛(苏门答腊及爪哇西南岸除外)和新几内亚的北岸及西北岸在内。根据加盖尔的观察,[①]在新几内亚的威廉王角(Cape King William)以及在新不列颠岛[②]上存在着较新的阶地,抬升到 1000 米、1500 米甚至 1700 米的高度。这种引人注目的现象说明了在最新时期中有一种极大的力在作用着,这同我们认为这部分地壳有过冲击的概念是很吻合的。

新几内亚、澳洲东北和新西兰南北二岛被两条海底山脊相联结着。它们标志着大陆漂移的路线。它们可能是从遗留在后方的陆块底部流出的熔体。

关于澳洲与南极洲的联结,由于我们对南极洲的知识不多,能说的就很少。沿整个澳洲南缘有一条宽阔的第三纪沉积带横断巴斯海峡(Bass Streits)继续延伸。

---

① 加盖尔:《威廉王角的地质研究》(*Beiträge zur Geologie von Kaiser-Wilhelmsland*),载《德国殖民地地质调查专刊》(*Beitr. z. geol. Erforsch. d. Deutsch. Schutzgebiete*)第 4 期第 1—55 页,1912 年柏林出版。

② 萨帕尔(K. Sapper):《新不列颠岛及威廉王角见闻》(*Zur Kenntniss Neu-Pommerns und des Kaiser-Wilhelmslandes*),1910 年《彼得曼文摘》第 56 期第 89—123 页。

此后又在新西兰岛出现,而不见于澳洲东岸。可能在第三纪时澳洲已经被一条浸水的裂谷(甚至可能是深海)和南极洲分开(塔斯马尼亚岛除外)。一般认为塔斯马尼亚岛的构造延续到南极洲的维多利亚地(Victoria Land)。另一方面,威尔根斯说道:"新西兰山脉的西南向弯曲[即所谓奥塔哥鞍部(Otago saddle)]在南岛的东岸突然中断。这个突然中断很不正常,定然是一个断裂。它的延续部分,只能是向着格雷厄姆地科迪勒拉(即南极安第斯山脉)这一方向去寻找。"[①]

剩下来还得一提的是,南非洲开普山脉的东端也好像是突然中断的。按照我们对南极洲位置的显然不很确定的复原,这些山脉的延续可在高斯堡(Gauszberg)与科次地(Coats Land)之间寻找,但那里的海岸仍然还未知晓。

南极洲西部与巴塔哥尼亚的联结是大陆漂移学说的良好地质例证(第14图)。至少上新世时在火地岛与格雷厄姆地之间有过一定的种的交换,只有以当时两岬

---

① O.威尔根斯:《新西兰的地质》,1917年德国《地质杂志》第82期第143—161页。

仍位于南桑德韦奇群岛(South Sandwieh Islands)的新月形弯曲附近的理由来解释,这种交换才是可能的。自那时以后,两岬都向西漂移,但它们间的狭窄联结物却滞留、固着于硅镁层之中了。这样,一系列的雁行山脉从漂移的陆块上逐一脱落而遗留下来。这种情况在第14图上看得很清楚。[①] 南桑德韦奇群岛恰好位于裂隙的中部,所以在运动过程中弯曲最为强烈,此时包含于

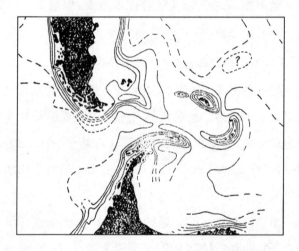

第 14 图　德雷克海峡(Drake Straits)海深图(格罗尔)

---

① 最好的德雷克海峡深图,是海德(H. Heyde)绘制的,后由 F. 库恩(F. Kühn)复制。本图与该图仅稍有出入,无关紧要。

陆块中的硅镁层被挤了出来。该群岛由玄武岩组成，其中一岛[扎伐多夫斯基岛（Zawadowski Island）]仍有火山活动。此外，据库恩的研究[1]，南安的列斯岛弧整个山脊上均未见后第三纪的安第斯褶皱，而较老的褶皱则在南乔治亚（South Georgia）、南奥克尼（South Orkney）等岛上都可以看到。这种特殊情况用大陆漂移学说是很容易说明的。因为如果南美洲和格雷厄姆地的褶皱山脉确是由陆块的向西漂移所产生，则当南安的列斯岛弧粘着不动时，褶皱作用必然在此处中止了。

与此有关，二叠石炭纪冰川现象在南大陆各地均有发现一事，可以作为大陆漂移学说的证据。像北半球的老红层一样，它们只是原先联结的单一大陆的分散部分。冰川现象的分散在相隔如此遥远的南大陆各处，用大陆漂移学说来解释比用陆桥沉没说容易得多。不过这个现象主要是一个气候上的问题，将在本书第6章内作更详尽的阐述[2]。

---

　　[1]　F. 库恩：《所谓南安的列斯岛弧及其意义》（*Der sogenannte "Sudantillen-Bogen und seine Beziehungen*），载 1920 年《柏林地学杂志》第249—262 页。

　　[2]　此处指原著作。——编辑注

古生物学和生物学的论证

关于大陆之间过去的联结,古生物学与生物学的证据极多,要在本书的范围内一一阐述,实不可能。同时,这些资料涉及的植物与动物地理分布方面,已由陆桥说的信奉者屡屡论及,我们只要举出一般参考文献即可。[①]在这里,我们只限于了解其基本概念,并选出若干特别重要的事实来论述。

两大陆之间曾否联结的问题,已屡由各方面专家从不同角度作出解答,因为每个专家都从他自己的特殊领域来总结研究成果。阿尔特脱为了试图获得一个粗略的梗概,曾用各个专家对每个时代的陆桥的意见来投票。不待说,这种方式引起了许多质疑。但由于文献资

---

① 有许多人谈到过各个陆桥,其中 T. 阿尔特脱在所著《古地理学手册》(*Handbuch d. Paläogeographie*,1917 年莱比锡出版)的第 1 卷"古生物学"(Paläontologie)里,也提供了大量的有关文献。

料如此浩繁，除此以外似无别法，而投票的结果也证实他的方法的恰当性。他利用了许多学者的论文与地图，其中有阿尔特脱、布尔克哈特（Burckhardt）、迪纳尔、弗勒希（F. Fresh）、弗里茨（Fritz）、汉德勒希（Handlirsh）、豪格、伊林（Ihering）、卡尔宾斯基（Karpinsky）、科根（Koken）、科斯马特、卡次儿（Katzer）、拉帕伦特（Lapparent）、马修（Matthew）、诺伊梅尔（Neumayr）、奥尔特曼（Ortmann）、奥斯本（Osborn）、舒孝特（Schuchert）、乌利格（Uhlig）和维理士等。附表为阿尔特脱所作统计的简化，表中前面四个陆桥用曲线列在第 15 图中。每一陆桥画三条曲线，一条代表赞成票数，一条代表反对票数，另一条则代表二者之差，以表明多数票的势力，并在差区加画晕线，以资醒目。

　　这四条陆桥位于现在的大西洋区域，我们最感兴趣。从投票的结果看，虽然意见分歧，但情况大体上还是明朗的。澳洲与印度（连同马达加斯加和南非）间的联结，在侏罗纪初期以后不久就消失了。南美洲与非洲间的联结，在下一中白垩纪时期消失；而印度与马达加斯加岛间的联结，则是在从白垩纪过渡到第三纪时消失的。在以上三处之间，从寒武纪以来直到它们消失的时

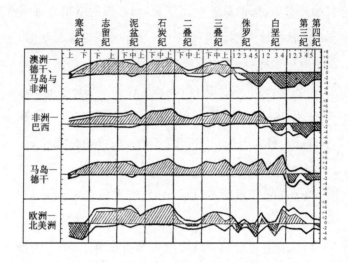

第 15 图　对于四个后寒武纪陆桥问题的投票

上黑线代表赞成票数,下黑线代表反对票数,

二者之正差以斜线代表,负差以交叉线代表

代都有过陆地的联结。北美与欧洲间的联结则较不规则。尽管众说纷纭,但也有相当一致的见解:两洲的联结在较古时期(寒武纪与二叠纪)曾一再受到破坏,在侏罗纪与白垩纪时也曾经中断过;不过这种中断显然仅系海浸所致,海浸以后仍恢复了连续。最后的破裂,如同今日被大洋分隔状态,只是到了第四纪才发生的。

	澳—非（德干—马岛*）		非—南美		印度—马岛		欧—北美		火地岛—南极西部		澳—南极东部		北美—南美		阿拉斯加—西伯利亚	
	+	−	+	−	+	−	+	−	+	−	+	−	+	−	+	−
下寒武纪	2		2	1	2			5	2		2		5		5	
上寒武纪	3	1	3	1	3			6	3		3		6		6	
下志留纪	5		4	1	5		6	1	4		4		4	3	1	6
上志留纪	5		4	1	5		6	1	4		4		1	7	1	6
下泥盆纪	5		4	1	5		6		4		4		3	3	2	4
中泥盆纪	5	1	5	1	5	1	7	1	1	4	1	4	4	4	1	7
上泥盆纪	2		2		2		3		1		1		1	2		3
下石炭纪	5		5		4		6		1	3	4		1	7	7	
中石炭纪	5		5		5		7		1	3	4		7		2	5
上石炭纪	6		6		6		8		5		5		8		2	6
下二叠纪	3		3		3		3	1	1	2	1	2	1	2	2	1
中二叠纪	1	1	2		2		1	2	2		2		1	2	2	1
上二叠纪	2	1	3		3		1	2	2		3		2	1		
下三叠纪	4	1	4	1	5		4	1	1	3	4		3	3	5	
中三叠纪	4		4		4		4		3		3		2	3	4	
上三叠纪	5	2	5	1	6		4	3	1	4	5		8		8	
瑞提克期（Rhaetic）	2		2		2		3		1		1		2		2	
里亚斯期	2	3	5		5		4		4		4		6		4	2
次鲕状层期	1	3	4		4		2	1	3		2		4		3	1
大鲕状层期	3		3		3		2		2		1	2	3		1	2
上侏罗纪	5		5		5		6		4		1	3	7		6	
下白垩纪 威尔特期	6		4	2	6		5	3	1	4	2	3	8		7	
阿尔比亚期	1			1	1			1	1			1	1	1	2	
中白垩纪	5		1	4	6		1	5	1	4	1	4	3	4	2	5
上白垩纪	7		2	5	8		7	1	1	6	1	6	4	6	4	6

续表

	澳—非（德干—马岛*）		非—南美		印度—马岛		欧—北美		火地岛—南极西部		澳—南极东部		北美—南美		阿拉斯加—西伯利亚	
	+	−	+	−	+	−	+	−	+	−	+	−	+	−	+	−
下始新世	6		3	3	1	5	5	2	6		3	3	2	5	7	1
上始新世	6		1	5	1	5	6	2	2	4	1	5		8	7	1
渐新世	4			4	2	2	4	2	1	4		4		6	7	
中新世	6			6	1	4	4	4	1	6		6	2	6	7	1
上新世	3			3		3	2	2	1	3		3		4	3	1
第四纪	3			3		3	1	3		3		3		4	3	

* 　表内"马岛"即马达加斯加岛，今马尔加什。——编者

　　上表的其次两栏，即关于南极洲为一边与巴塔哥尼亚、澳洲为另一边的联结，投票的结果却完全不同。这里反对票占绝对优势，显然是由于我们对南极洲的认识不够，没有适当的理由可以使很多学者忽视这个大陆与其他陆地的联系。因此，我们只就赞成票来探讨。投赞成票者认为，从白垩纪一直到上新世，以至在此以前，德雷克海峡中都有过种的交换；尤其是从侏罗纪到始新世，澳洲与南极洲间也有过种的交换。① 再者，还可以注意到澳洲

――――――――――

　　① 　根据威尔根斯的意见，从新几内亚、新西兰、南极西部到南美的陆桥在白垩纪时仍然存在，因为新西兰东岸上白垩纪中期的海相沉积和南极洲西岸的同期沉积物间有着动物种的联系。

与南美洲之间很多动物的亲缘关系,这显然是用南极洲为桥梁的,但由于这些迄今尚未确定,故被阿尔特脱所忽视了。也因此,就整个来说,上表也就不是为了十分适合我们的目的而制定的。

表上的最后两栏涉及中美陆块与白令海峡陆桥区,这在今日仍被陆块联结着。这类陆桥对大陆漂移学说当然是不关重要的,因为我们一向认为暂时性的隆升与沉降是允许的。这两个陆桥确实可以作为消除某些误解的例子。

从地图上可以看到,南美与中美间现有陆地的联结并不是偶然的接触。这些陆块虽然如表上所示有过暂时的沉没,但它们从很早时期就相互联结在一起了。显然这个陆桥在志留纪和泥盆纪时曾露出海面,又在二叠纪到三叠纪中期,更在白垩纪以迄中新世以后,都曾露出过海面。这些陆块间的长期联结,并不和南美脱离非洲早于北美脱离欧洲的事实相矛盾。特别是当我们想到中美洲必曾经过极大的可塑性变形这一点时,就更不足为怪了。

南美洲的移位有很大部分是旋转运动。陆块在白令海峡的联结与此类似。前面已经提到过的迪纳尔的反对意见是:"若把北美洲推向欧洲,必然破坏了它在白令海峡与亚洲的联结。"[①]这种情形只在墨卡托投影的地图上才会出现,而在地球仪上是不会的,因为北美洲的移位主要是旋转运动。在白令海峡,两个陆块从未撕开过;在志留纪及泥盆纪,从中石炭纪到中二叠纪,以至于里亚斯期到中侏罗纪[根据杜格尔(Dogger)],这里都存在着露出水面的陆桥。最后,在白垩纪到第四纪时,这个陆桥可能部分地被冰川所阻塞。

让我们现在用生物学观点来讨论一下大西洋裂隙吧。一般认为大西洋比太平洋年轻。乌毕希说道:"在太平洋里,我们找到很多古老的种,如鹦鹉螺、三角蛤(Trigonia)、耳海豹等。这些动物在大西洋里是没有的。"[②]米歇尔逊(W. Michaelson)把我的注意力吸引到

---

① 迪纳尔:《地球表面的大地形》一文,载 1915 年《维也纳地质学会文摘》第 58 期第 329—349 页;又,其《三叠纪时代的海浸区》(*Die merinen Reiche der Triasperiode*)一文,载 1915 年《维也纳科学院院报数理专号》(*Denkschr. d. Akad. d. Wiss, Wien, math. -naturw*)。

② 乌毕希:《魏格纳的大陆漂移学说与动物地理学》,1921 年《维尔茨堡物理学与医学学会论文集》单行本共 13 页。

这件事上,即今日蚯蚓的分布情况,给过去大西洋两岸曾经联结提供了无可争辩的确切证据,因为蚯蚓是完全不能渡海的。[①] 在大西洋两岸的不同纬度,都见有大量的动物亲缘交换。在南大西洋两岸,种的交换关系属于较古时代[螔虫类(Chilotacae)、舌文蚯蚓与少毛蚯蚓亚科(Glossoscolecinae-Microchaetinae)、寒蟋蚯蚓亚科(Ocnerodrilinae)、早期少毛蚯蚓亚科、三歧肠类(Trigastrinae)];至于北大西洋,则不但是较古老种属[黑三棱类(Sparganophilus)]的渡桥,并且也有新近的蚯蚓属在此渡过。这种蚯蚓从日本到葡萄牙延续分布,同时又越大西洋在美国东部(西部没有)有着土著种。[②]

下表为阿尔特脱所制,有助于对北大西洋陆桥问题的探讨。表中列举了大西洋两岸爬虫类与哺乳类动物的同种百分比数。

---

① 感谢米歇尔逊先生把他所著《寡毛类蚯蚓的地理分布》(*Die geographische Verbreitung der Oligochaeten*)一书(共 186 页,1906 年柏林出版)上的一幅小图予以刷新,并予以宝贵的口头说明。

② 伊尔姆萱(Irmscher)曾从同样的观点出发,于 1917 年 10 月 11 日在汉堡所作题为"大陆的起源在植物分布上的意义"的就职演说中,得出植物分布的状况与大陆漂移学说相协调的结论。植物的种子具有为暴风等所传播的可能性,导致了区系的混杂。

	爬 虫 类（%）	哺 乳 类（%）
石　炭　纪	64	—
二　叠　纪	12	—
三　叠　纪	32	—
侏　罗　纪	48	—
下 白 垩 纪	17	—
上 白 垩 纪	24	—
始　新　世	32	35
渐　新　世	29	31
中　新　世	27	24
上　新　世	?	19
第　四　纪	?	30

　　上表所列数字和第 15 图的投票数字很相符合。大多数专家都据此认为陆桥曾存在于石炭纪、三叠纪，以后又在下侏罗纪（不在上侏罗纪）和上白垩纪到下第三纪存在过。石炭纪时的陆地联结最为显著，可能是由于那时的动物区系比现在了解得更为完备。[①]

　　欧洲和北美洲的石炭纪动物区系，经过了道孙（W. Dawson）、贝尔特朗德、瓦尔各特（C. D. Walcott）、阿米

----

① 动物区系了解得愈不完备，同种动物的百分比数自然就愈小。

(H. M. Ami)、索尔特(J. W. Salter)、克勒白尔斯伯格等人的研究，已知道得和植物区系一样详细了。特别是克勒白尔斯伯格曾论述到石炭纪含煤层中海相夹层内动物的相似性。这个含煤层从顿内次起，经上西里西亚、鲁尔区、比利时、英格兰直达美国西部，在短时期内有如此广泛的分布是十分值得注意的，而其间相似的动物并不限于那些世界种的成分。[①] 对于这点，我们不能再详谈了。

在上新世与第四纪时，同时爬虫类的缺乏自然是受了当时寒冷气候的影响，寒冷的气候灭绝了古老的爬行动物。至于哺乳类，则自它们进入地球的历史以来，显示了与爬虫类同样的趋向，特别是在始新世时最为一致。乌毕希说道："在始新世，我们在欧洲看到了几乎和美洲一样的哺乳动物亚纲。其他的动物也是一样。"[②]上表所示上新世时亲缘的减小，一看就知道是受了大陆冰

---

① 克勒白尔斯伯格：《Ostrauer 层的海相区系》(*Die Marine Fauna der Ostrauer Schichten*)，载 1912 年《全德地质研究所年报》第 62 期第 461—556 页，以及他和本书作者的通信。

② 乌毕希：《魏格纳的大陆漂移学说与动物地理学》，1921 年《维尔次堡物理学与医学学会论文集》。

川的影响。

现在请看阿尔特脱的地图(第16图),它表示了对北大西洋陆桥问题具有决定意义的一些动物的分布。蚯蚓科的新属已如上述分布于日本到西班牙,但在大西洋以西,仅见于美国东部。珍珠贝见于两大陆断裂线上的爱尔兰与纽芬兰,以及两岸附近地区。蜗牛的分布是从德国经不列颠群岛、冰岛、格陵兰而达美洲,而在美洲仅显见于拉布拉多、纽芬兰以及美国东部各州。鲈科(Percidae)和其他淡水鱼类的分布也是如此。还可以提及的是一种普通的帚石南(Calluna vulgaris),除欧洲以外它仅见于纽芬兰及其邻近地区。相反,许多美洲植物在欧洲生长的地区仅限于爱尔兰的西部。即使后者可用墨西哥湾流来解释,但帚石南的分布就不能用同样的理由来解释了。许多事实都证明:纽芬兰与爱尔兰之间的陆桥一直到第四纪初期还存在过。在此以北,还有一座陆桥,它在第四纪中叶以前也似一直存在过。[1]

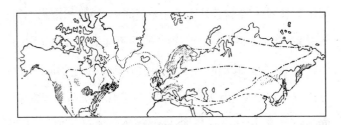

第 16 图　北大西洋生物的分布(阿尔特脱)

关于这个问题,华明(Warming)和那托尔斯特(Nathorst)对格陵兰植物区系的研究也很有意义。他们发现,在格陵兰的东南岸,也就是在第四纪时位于斯堪的纳维亚与苏格兰北部的前缘一带海岸(按大陆漂移学说两处应在一起)上,欧洲成分占优势,而在格陵兰的整个其他海岸,包括其西北海岸,则以美洲成分为主。

---

[1]　沙尔夫(R. F. Scharff):《北欧与北美间古陆桥的证迹》(*On the Evidences of a former Land-bridge between Northern Europe and North America*),载 1909 年《爱尔兰皇家学院院报》(*Proc. Roy. Irish Acad*)第 28 期 B. 组第 1—28 页。

根据森帕尔(M. Semper)的研究[①],格临内耳地的第三纪植物群和斯匹次卑尔根岛的关系(63%),要比和格陵兰岛的关系(30%)密切。当然今日的关系是相反了(分别为64%与96%)。我们看一看始新世时的大陆分布情况,就可以解开这个谜,因为那时格临内耳地和斯匹次卑尔根间的距离,要比格临内耳地与格陵兰岛的化石地点间的距离短。

在第15图上,有关南大西洋陆桥的例证更为简单明了。很多人,比如斯特罗梅(Stromer)就着重指出,从舌蕨类(Glossopteris)植物、爬虫类的中龙科(Mesosauridae)[②]以及其他很多成分的分布看来,我们不得不假定南大陆间曾有过广大的陆地联结。因此,雅伏尔斯基在研究了各种可能的反对意见之后,得出了如下结论:"综

---

① 森帕尔:《古代气温问题,特别是欧洲与北极地区始新世时的气候情况》(Das Paläothermale Problem, speziell die klimatischen Verhältnisse des Eozäns in Europa und im Polargebiete),载1896年《德国地质学会杂志》(Zeischr. Deutsch. Geol. Ges.)第48期第261页等。

② 迪纳尔反对这点,指出二叠纪和石炭纪时南非与南美洲的脊椎动物是不一样的。但斯特罗梅认为这个反驳是无力的,因为我们对南美洲的动物了解得还不够。

合西非与南美洲的所有地质知识,是和从动物地理与植物地理古今事实的研究中所得到的假说完全一致的。那就是说,在地球最早的时期内,于现在的南大西洋地方,即在非洲与南美洲之间,存在过陆地的联结。"[1]

恩格勒(Engler)从植物地理的资料得出的结论是:"考察了所有这些关系,如果在下列地区间保持着陆地联结,则美、非二洲间具有共同的植物型是极易解释的:即巴西北部亚马逊河口的东南与西非洲比阿夫腊湾(Biafra Bay)之间有陆块或大岛相联结;在南非的纳塔尔(Natal)与马达加斯加之间,以及向东北方向延续到与印度之间(其间为中国—澳洲大陆所分离),有久已证实的陆地联结。除此以外,开普植物区系与澳洲植物区系间的很多亲缘关系,又必须假定澳洲与南极洲之间有陆地联结。"[2]

南大西洋上陆地的最后联结处当在巴西北部与非

---

[1]　雅伏尔斯基:《南大西洋盆地的年龄》(*Das Alter des südatlantischen Beckens*),载 1921 年德国《地质杂志》第 60—74 页。

[2]　摘自恩格勒:《植物地理学》(*Geographie der Pflanzen*)一文,载《自然科学手册》(*Handwörterbuch der Naturwissenschaften*)。

洲几内亚湾沿岸之间。斯特罗梅说道:"西非洲和热带中南美洲都有海牛(Manatus),它们生活在河流中和温暖的浅海中,但不能游过大西洋。由此可以断言:在最近的过去,大致在南大西洋北边的西非与南美之间,存在过已为浅海所淹覆的陆地联结。"

当然,上述许多论据也都被陆桥说的信奉者所引用。但是大陆漂移学说却从纯生物学的观点提供更为简单的解释。因为大陆漂移学说者在解释动植物的分布时,不只证明两岸之间有陆地联结,并且还证明其间有距离上的变化。关于这一点,最有趣味的是胡安·斐南德斯群岛(Juan Fernandez Is.)。据斯高次伯格(Skottsberg)的研究,该群岛的植物和邻近的智利海岸并没有任何亲缘关系,但却和火地岛(由于风和海流么!)、南极洲、新西兰及太平洋诸岛之间存在着亲缘关系。这就和我们的见解符合了。我们的见解是:南美洲向西漂移,最近才接近该岛,所以植物区系的差异才如此显著。而陆桥沉没说就不能解释这个现象。

同时,夏威夷群岛的植物区系和距离最近的北美洲关系很少,虽然风和洋流都从那里到来;而和旧大陆的关系更为密切。① 假如我们记住中新世北极位于白令海峡时夏威夷群岛的纬度是 40°～45°,因而处在盛行西风带内,风从日本及中国方向吹来,那么,这个现象就容易理解了。何况当时美洲海岸离夏威夷群岛也比现在远。

德干高原与马达加斯加岛之间的生物关系,一般都认为是有一个雷牟利亚大陆沉没的缘故。我们只要参考第 15 图及阿尔特脱的著作就够了。在这个问题上,大陆漂移学说的优越性也很明显。就现在的位置来说,这两个陆块纬度不相同,其所以具有相似的气候与生物,仅由于它们位于赤道两侧。两地相距如此之远,则舌蕨类植物的出现时期在气候上自然是一个谜,但以大陆漂移学说来解释就不成问题。况且前面已经说过,南半球的舌蕨类植物地层不但可以作为当时陆地联结的证据,也可以证明大陆漂移学说比陆桥沉没说更为优

---

① 格里斯巴赫(A. Grisebach):《在气候影响下的世界的植物——比较植物地理学简编》(*Die Vegetation der Erde nach ihrer klimatischen Anordnung. Ein Abrisz der vergleichenden Geographie der Pflanzen*)第 3 卷第 528 页及第 632 页,1872 年莱比锡出版。又参见特鲁台(O. Drude):《植物地理学手册》(*Handbuch der Pflanzengeographie*)第 487 页,1890 年斯图加特出版。

越。因为,从它们现在的位置看来,它们不可能在地球历史上的所有时期都具有相同的气候。关于这一点,我们将在下章作进一步的论述。

我们现在来讨论一下澳洲的动物界,我觉得这对于大陆漂移学说来说是很重要的。很久以前,华莱士把澳洲的动物界清楚地分为三个古老的系统,[①]这个分区并没有为新近的研究[例如赫德莱(Hedley)的研究等]所推翻。最老的成分主要见之于澳洲的西南部,它同印度、锡兰以及马达加斯加、南非的具有亲缘关系。这里,喜温动物是亲缘关系的代表,还有性畏冻土的蚯蚓。[②]这个亲缘关系起源于当澳洲还和印度相联结的时候。按第 15 图所示,这个联结已于下侏罗纪时断绝了。

---

① 华莱士:《动物的地理分布》(*The Geographical Distribution of Animals*)第 2 卷,1876 年伦敦出版。

② 根据米歇尔逊的材料,八毛蚯蚓亚科(Octochaetinae)直接把新西兰和马达加斯加、印度以及中印半岛北部联结着。有趣的是,它飞越了其间的巨大澳洲陆块。巨蚯蚓亚科(Megascolecinae)的许多属间的联系最为特殊,它把澳洲、新西兰北部或整个新西兰与锡兰(今斯里兰卡)、南印度联结起来,有时还与印度北部和中印半岛(奇怪的是,有时竟与北美洲西岸)联结着。蚯蚓在澳洲与非洲之间不见有任何联系,是符合我们的假说的,它说明了这两个大陆未曾直接联结过,而仅是各自通过印度与南极洲间接联结的。

澳洲第二个动物区系成分是人所共知的。它属于特有的哺乳动物——有袋类与单孔类，它同巽他群岛的动物完全不同（哺乳类动物的华莱士线）。这一动物成分和南美洲具有血缘关系。例如，今日有袋类不仅居住在澳洲、摩鹿加与太平洋诸岛，也居住于南美洲[其中有一种鼩（opossum）还见之于北美洲]。至于它们的化石，则曾在北美洲与欧洲找到，但未在亚洲找到。甚至澳洲与南美洲有袋类的寄生动物也是相同的。勃雷斯劳（E. Bresslau）曾着重指出，在 175 种的扁虫类（Geoplanidae）中有 $\frac{3}{4}$ 于两地均可见到。[①] 勃雷斯劳说道："吸虫（Trematodae）及绦虫（Cestodae）的地理分布（这种分布当然与它们的宿主的分布相符）迄今还研究得很少。绦虫纲的 *Linstowia* 属仅见于南美洲负鼠科（Didelphyidae）的鼩和澳洲的有袋类（袋貍 Perameles）与针鼹（Echidna）体内。这是在动物地理上极为有趣的事。"关于澳洲与南美洲的血缘关

---

① 勃雷斯劳：《扁形动物目》（*Artikel Plathelminthes*），《自然科学手册》第 7 卷第 993 页；又 1904 年次楚开（Zschokke）《寄生细菌中央汇刊》第 1 卷第 36 页。

系,华莱士是这样说的:"特别值得重视的是,从喜热的爬虫类来说,很难显示出两地有什么密切的血缘关系,而从耐寒的两栖类与淡水鱼来说,显示这种关系的例证就极为丰富了。"(见其所著《动物的地理分布》第 1 卷第 400 页)

细察其余所有动物,也显示出相同的特点。因此华莱士确信澳洲与南美洲间即使有陆地联结,也必然位于靠近大陆的寒冷的一端。蚯蚓也没有利用过这个陆桥。由于这个陆桥可立即被指定为南极大陆(它位于最短的路线上),那么少数作者所建议的南太平洋陆桥(仅在墨卡托投影的地图上似乎是最近捷的)被大多数人所反对,也就不足为怪了。因此,澳洲动物界的第二个成分必然发生在澳洲还和南极洲、南美洲相联结的时期,即在下侏罗纪(其时印度已分开)与始新世(其时澳洲与南极洲分开)之间。由于今日澳洲位置的接近,这些动物又逐渐侵入巽他群岛,使华莱士不得不把哺乳动物的界线划在巴厘岛(Bali Island)与龙目岛(Lombok Island)

之间，并通过马卡萨海峡（Macassar Straits）。[①]

　　澳洲的第三个动物区系是最新的。它从巽他群岛移居到新几内亚与澳洲的东北部。澳洲的野犬（dingo）、啮齿动物、蝙蝠等是第四纪以后移入的。蚯蚓的新属环毛蚯蚓（Pheretima），因其生活能力特强，已在巽他群岛及从马来半岛到中国、日本的东亚沿海一带替代了旧的蚯蚓属，并且移居到整个新几内亚，在澳洲的北端也获得了稳定的立足点。以上种种都表明了自新近地

---

　　① 几乎只有布尔克哈特一个人主张在泥盆纪到始新世间存在过南太平洋陆桥，但正如西姆罗次（H. Simroth）等人的看法，布尔克哈特的见解不是根据生物学而仅是根据地质学得来的[见西姆罗次：《南半球大陆的早期联结问题》（Über das Problem früheren Landzusammenhangs auf der südlichen Erdhälfte），载 1901 年德国《地理杂志》第 7 卷第 665—676 页]。在南美西岸南纬 32°～39°之间找到的粗斑砾岩，前人都认为是火山性物质，而布尔克哈特却认为是固结的海滨砾石。由于这些砾岩在更东边为砂土所替代，布尔克哈特乃断言它们必位于海岸线所在，即位于大河的河口段，因此其时水陆的分布必和今日情形恰恰相反。但 H. 西姆罗次（见上述论文）、安德雷（见其《海陆永存问题》〔Das Problem der Permanenz der Ozeane und Kontinente〕一文，1917 年《彼得曼文摘》第 63 期第 348 页）、迪纳尔和 W. 索格尔等都不同意布尔克哈特的这个陆桥说。T. 阿尔特脱虽然同意他的主张，可也承认他的论证很软弱[见其《对海陆永存说的探讨》（Die Frage der Permanenz der Kontinente und Ozeane），载 1918 年《地理消息》（Geogr. Anzeiger）第 19 期第 2—12 页]。因此，对布尔克哈特的观察必须予以另外的解释。

质时代以来动植物区系方面的急速交换。

这三个澳洲动物区系的划分和大陆漂移学说是极为一致的。只要我们浏览一下前面的三幅复原图（第1、2图），就可以从图上找到解答。即使从纯生物事实来看，大陆漂移学说也比陆桥沉没说优越得多。南美洲与澳洲之间的最短距离，即从火地岛到塔斯马尼亚岛，今日为经度80°，几乎与德国和日本间的距离相等。阿根廷中部和澳洲中部间的距离与阿根廷中部和阿拉斯加间的距离相同，也即等于南非和北极间的距离。难道有人真会相信靠一个陆桥就可以进行物种的交换了吗？而澳洲竟和如此邻近的巽他群岛间没有什么物种的交换，就像从另一个世界来的外来物一样，岂非怪事！根据我们的假说，则知澳洲与南美洲之间曾非常靠近，而与巽他群岛之间则曾有宽阔的大洋相隔，这就为说明澳洲动物区系提供了一把钥匙，这是任何人也不能否认的。

大陆边缘

在大陆块边缘的深海底下，有一个近乎垂直的硅铝层与硅镁层的分离面，它和轻物质与重物质间的自然层面排列不同，而仅是由于硅铝块的固体性而存在。因此，这里有一种力求达到物质自然层面排列的特殊力量在作用着，而它和陆块的分子力持相反的方向。与此有关的一系列现象将在下文进行讨论。

当"弗拉姆"（Fram）号航行在北冰洋陆棚边缘时，萧兹（Schiötz）进行了重力测量，后来黑尔茂特[①]又对这些资料进行了详细的计算，他们首先观察到在陆块边缘

---

① 黑尔茂特：《从普拉特假说的均衡面深度探讨海陆内部的地壳重力均衡与大陆边缘的重力扰动过程》（*Die Tiefe der Ausgleichfläche bei des Prattschen Hypothese für das Gleichgewicht der Erdkruste und der Verlauf der Schwerestörung vom Innern der Kontinente und Ozeanenach den Küsten*）一文，载 1909 年《普鲁士科学院汇刊》第 18 期第 1192—1198 页。

的摆的运动反映出一种特殊的重力扰动,其情况大约如转录黑尔茂特的第 37 图所示。当从陆地走向海边时重力逐渐增加,到海岸达最大值。越过海岸线,重力又急速下降,至深海底的边缘降至最小值。过了此线离海岸远处,重力又恢复正常。这种重力扰动的发生原因大致如下:当观察者从正常值的内陆走向最大值的海岸时,也就是走向位于侧下方深海底的较重的硅镁层。虽然这个重力过剩会由于 4 千米厚的陆地表层被较轻的海水所代换而有所抵消,但这层海水位于观察者的侧方而不在其下方,因此重力不但没有减低到正常值,反而由于大陆台地的吸引形成了铅垂线的偏向大陆。当观察者从海上走向海岸时,情况恰恰相反。由于他下方的物质重量减小,重力值减低,而在他的陆地一边物质重量的增加只能影响重力的方向,却并不能影响重力的数值。因此产生了最小重力值。

岛与岛群作为漂浮在硅镁层上的孤立硅铝碎片的顶部,它们就必然被一圈环状的重力扰动区所包围。因此,在岛屿上特别在岛的岸边,重力值总是大于正常值;而在岛屿外围的海洋上,重力值则总是小于正常值。很

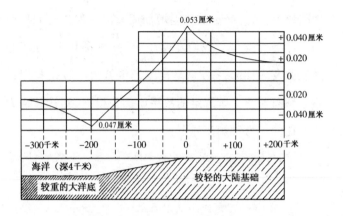

第 37 图 大陆边缘的重力扰动(黑尔茂特)

早以来,在岛屿上用重力摆测定的结果都表明其重力超过正常,这个现象至此获得了解释。许多学者认为太平洋诸岛仅仅是立足在深海底上的纯火山锥,由深海底支持着它们的重量。这一见解并不能为重力测定所证实。而加盖尔对于加那利群岛和豪格对于太平洋诸岛的见解(即主张它们是硅铝圈的碎片,在很多情况下它们完全为熔岩所掩覆,因而硅铝片的核心都未显露),却获得上述重力测定的结果的支持。

　　这些情况还可以从另一个角度来探讨,即用来直接解释它们的效果。按照和海洋区域不同的法则,在一个大陆块上,压力必定随深度增加而增大。如果我们比照同一深处的压力[1],我们发现在所有的大陆块上(除了它的表面及底面),压力总是比海洋区域大。若是我们以第3章第5图上所假定的数字比例为根据,则计算得大陆台地的压力过剩值如下:

在高出 100 米处,压力过剩为　　　　0 个大气压

在 0 米处,压力过剩为　　　　28 个大气压

在 4700 米深处,压力过剩为　　　　860 个大气压

在 100000 米深处,压力过剩为　　　　0 个大气压

这样,在最下层的部分压力过剩增加极快,因为这里在陆地上是岩石,在海洋上却是空气。在中层部分压力过剩低到最上层的 2/3,因为这里在海洋上是水体。在深海底上压力过剩最大。再往深处又重新减小,因为这里在深海区下是较重的硅镁层,所以压力加速增大,而在大陆块的底面则压力当处于均衡状态。这种压力差在垂直的大陆边缘上产生了一种力场,它力图使大陆

———————————

[1]　严格地说,这里指的是垂直压力。按鲁兹基的说法,作用于一个立方形固体物质上的压力有 6 个,即与面作正常的压缩力 3 个,与面作沿切线的拉力有 3 个。扩大(膨胀)可看作是负的压缩,因此压力可正可负。在这里拉力是假定不存在的。

台地的物质挤压到大洋区域方面去，大部分是挤压到大洋深海底层中去。[①] 假如硅铝层是可以流动的话，它就会漫溢到这一层中去了。但是情况并不如此，因为硅铝层具有足够的可塑性，在一定程度上可以抵抗这种强大的压力，所以在大陆边缘上形成阶梯状的断裂，如第 38图所示。较深的可塑性层的边缘前向流动也说明了大陆边缘已开裂而远远分离的事实，如南美洲与非洲，在其海岸线上比在其大陆坡与深海底间的界线上更好地保持着平行性。

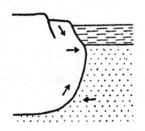

第 38 图　大陆边缘受压的后果（示意图）

可以相信，在海岸附近之所以常常发生火山作用是

---

① 维理士认为是较重的海洋岩层向大陆块的深层方面挤压，与上述关系恰恰相反，见其所著《中国的研究》（*Research in China*）第 1 卷第115 页，1907 年华盛顿出版。

由于大陆块中包含的硅镁馅被上述力场挤出的缘故。特别是对于被这种力场所围绕的大洋岛屿,这种解释尤为切合。

当可塑性的大陆块为内陆冰所压覆时,在大陆的边缘必然产生一种特殊的力。假如把一块可塑性的饼压在重物下面,饼的厚度就会减小,向水平方向扩展,而在其边缘上产生坼裂,这就是形成峡湾的道理。这种峡湾在所有过去被冰川覆盖过的海岸上都如出一辙地存在过,如斯堪的纳维亚、格陵兰、拉布拉多、48°N以北的北美太平洋岸、42°S以南的南美太平洋岸以及新西兰的南岛等地。关于峡湾的形成,格里哥利(J. W. Gregory)曾作过广泛的研究(可惜没引起足够的重视),并推断它是断层形成的。[①] 根据我自己在格陵兰与挪威的观察,我认为把峡湾看作是侵蚀谷的说法是不正确的,虽然这种说法目前还很流行。

从大西洋两侧大陆边缘上的大量海深测量资料中,我们注意到一个特殊的现象,即在海底上看到了陆地河

---

① 格里哥利:《峡湾的性质与起源》(*The Nature and Origin of Fiords*)一书,共542页,1913年伦敦出版。

谷的延续,如圣劳伦斯河谷在大陆棚上一直延续到深海边,哈得孙河谷也伸延入海达 1450 米深处。在欧洲方面也是一样,在塔古斯(Tagus)河口以外,特别是在阿杜尔(Adour)河口以北 17 千米的布雷顿(Breton)角海凹都有海底河谷的延伸。其中最为典型的是南大西洋上的刚果河海沟,[①]它向外伸延到 2000 米的深处。按照通常的解释,这些海沟乃是下沉的侵蚀谷,它们是在水面以上形成的。依我看来,这种说法很不可信。第一,不可能有如此大幅度的下降;第二,不可能分布得如此普遍(如果有更多的深度测量记录,那么它们将在所有的大陆边缘都有出现);第三,它们只在某些河口外有此现象,而在处于这些河口中间的另一些河口外却无此现象。因此,我认为海底河谷很可能就是曾被河流利用过的大陆边缘的裂谷。就圣劳伦斯河来说,它的河床的具有裂隙性质事实上已在地质学上被证实。至于布雷顿角海凹,它位于比斯开湾深海裂谷的最内部顶端上,像打开的书本一样。单就它的位置来说,也就言之成理了。

---

①　参看 G. 萧特:《大西洋地理》(*Geographie des Atlantischen Ozeans*)一书中的附图,第 102 页,1912 年汉堡出版。

但大陆边缘上最有趣的现象还是花彩岛。这种花彩岛在东北亚发育得特别好(第 39 图)。如果考察一下

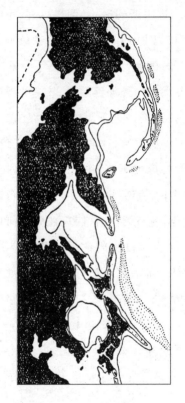

第 39 图　东北亚花彩列岛

等深线 200～2000 米；密点为洋底

它们在太平洋上的分布,我们看到它们形成规模宏大的系列。若是我们把新西兰看作是澳洲过去的花彩岛,那么整个太平洋西岸都被花彩岛环绕着,而东岸却没有。在北美洲,尚未发育但已开始形成的花彩岛也可在 $50°\sim55°N$ 之间的分离的岛屿上看到,即如旧金山附近沿岸的弧形突出和加利福尼亚海岸山脉的分离等。南极洲的西南部也可以看作是花彩岛(这里可能是一种双列花彩岛)。

　　总的说来,花彩岛的现象指示出大陆块在太平洋西部漂移着,漂移的方向是西北偏西;按更新世的地极位置,大致是正西向。这个方向也和太平洋的长轴(南美洲到日本)符合,并和古代太平洋岛群如夏威夷、马绍尔(Marshall)与社会(Society)等群岛的主要方向一致。深海沟(包括汤加海沟在内)都是与漂移方向相垂直的裂谷,因此它们和花彩岛并行。

　　当然,所有这些现象是互为因果的。假使我们取一块圆形的橡皮板而向一个方向拉长,我们就看到同样的情形:一方的直径增长,另一方的直径减短。由于橡皮板的伸长,所有的点群(即岛群)就延长为平行于伸长方向的链锁,而裂缝则朝着垂直于拉力的方向撕开。因此,东亚花彩岛是与整个太平洋的构造有密切关系的。

完全相同的花彩岛见之于西印度群岛。在火地岛与格雷厄姆地之间的南安的列斯弧也可以看作是独立的花彩岛,虽然它稍微具有不同的意义。

十分明显,花彩岛都呈同样的雁行状排列。阿留申群岛是一条链锁,但它东延到阿拉斯加时已不是一条海岸山脉,而是从内陆伸展出来的了。它们终止于堪察加半岛附近,并从堪察加内陆山脉开始伸延为千岛群岛,形成最外一列的花彩岛。这条弧又终止于日本附近,代之以库页岛与日本列岛的内陆山脉。自日本向南,这种排列继续延伸直到巽他群岛,然后这种关系才混乱起来。安的列斯群岛也形成与上述完全相同的排列。很明显,这种花彩岛的雁行状组成是过去大陆海岸山脉雁行状排列的直接后果,是以上述雁行状褶皱的一般法则为其根源的。岛弧长度的大致相等(阿留申弧长 2900 千米、堪察加—千岛弧长 2600 千米、库页岛—日本列岛弧长 3000 千米、朝鲜—琉球弧长 2500 千米、台湾—婆罗洲弧长 2500 千米、新几内亚—新西兰弧长 2700 千米),也是非常值得注意的现象。[①] 其所以如此,在构造上可能是由过去海岸山脉系统的结构所先期决定的。

花彩岛在地质构造上具有奇异的同一性,已于上文说过。其凹边总有一系列的火山,这显然是由于弯曲而挤出了硅镁馅所引起的压力的结果。另一方面,其凸边常具有第三纪沉积层,但在与其相应的大陆海岸上却往往没有这种沉积岩。这就说明花彩岛与大陆的分离是在最近的地质时期中才发生的,而在这些沉积层形成时,花彩岛仍属大陆的边缘部分。由于弯曲而产生的张力的结果,第三纪沉积层到处受到极大的扰动,引起了裂隙与垂直断层作用。日本的本州由于过分强大的弯曲而发生破裂,形成大地沟。

虽然由于拉伸的结果产生了普遍的沉降,但花彩岛的外缘部分却略见上升。这说明花彩岛还具有倾斜运动,这是由于当其两端为大陆的向西漂移所拉动时,其

---

① 西印度弧的长度却是递减的:小安的列斯—南海地—牙买加—莫斯基托(Mosquito)浅滩长 2600 千米,海地—南古巴—米斯特里欧萨(Misteriosa)浅滩长 1900 千米,古巴弧长 1100 千米。

下部深处却被硅镁质所拉住。花彩岛的外缘常常出现深海沟,显然也和上述过程有关。

　　引人注意的是,深海沟从来不出现在大陆与花彩岛之间的新露出的硅镁层表面上,而常常仅见于花彩岛的外缘,即在古老的洋底的边缘。深海沟好像是一种断裂,其一侧为极度冷却的古洋底(已固体化到很大的深处),另一侧则为花彩岛的硅铝物。在硅铝质与硅镁质之间形成这一种边缘裂隙是可以理解的,与上述花彩岛的倾斜运动也很合拍。

　　从第39图上可以看出,在花彩岛后方的大陆边缘都具有显著的凸出的轮廓。特别是除海岸线本身以外,再考察一下200米等深线,就可以看到大陆边缘往往具有反S形的轮廓,而位于其前方的花彩岛则形成一个简单的凸弧。二者的关系犹如第40图B所示。这种现象也从第39图的三个花彩岛上同样表示出来。澳大利亚、新西兰东部大陆边缘及其古花彩岛(由新几内亚与新西兰的东南延伸部分所组成)也是同样的例子,这些弯曲的海岸线标志着平行于海岸山脉走向的方向的一种压缩,它们可以被认为是一种水系的大褶皱。这是整个东亚所经受到的东北—西南方向的压缩现象的一部分。要是试把这条弯曲的海岸线拉直,那么现今从中印半岛到白令海峡的距离 9100 千米将增加到 11100 千米。

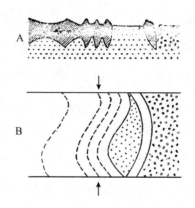

第 40 图 花彩列岛的形成

A,剖面;B,平面;虚线表示

大为冷却的硅镁质部分

总之,按照我们的见解,花彩岛(尤其是东亚花彩岛)可认为是由于大陆块向西漂移而与大陆分离的边缘山脉。它们粘附在固体的古老的深海底上,并在花彩岛与大陆边缘之间露出窗户状的较新的更富流动性的深海底。

上述学说和从别种假定出发而创议的李希霍芬(F. v. Richthofen)的学说是不同的。李希霍芬认为：花彩岛是由从太平洋发生的地壳内部的张力所形成的。①这些花彩列岛，连同邻近大陆上具有弯曲的海岸线与海岸山脉在一起，形成了一个大断裂系统。在列岛与大陆海岸之间的地区是第一个大陆阶梯。由于倾斜运动的结果，这个阶梯的西部沉陷到海面以下，而其东部则仰露为花彩岛。李希霍芬认为：在大陆上还可以找到两个同样的阶梯，只是它们沉陷得少些罢了。至于这些断裂何以呈有规律的弧弯形式，对它的解释当然是一个困难。但看到沥青及其他物质也出现弧形龟裂时，这一疑难也就不存在了。

应当充分承认：李希霍芬第一个有意识地放弃了所谓普遍有效的弧压力的说法，而引用了张力来解释地球的结构。他的学说具有历史性的价值。虽然如此，他的

---

① 李希霍芬：《东亚山系在地貌学上的研究》(*Über Gebirgskettunge in Ostasien. Geomorphologische Studien aus Ostasien*)一文，载 1903 年柏林《普鲁士科学院院报物理数学专刊》第 40 号第 867—891 页。

学说和今天的知识不相符合是一眼就可以看出的。在海洋深度图(虽然由于测点不多还不够完备)上清楚地表明：花彩岛与大陆块之间的联结多半是断绝的。

假如大陆块的移动如东亚一样并不与其边缘成直角方向，而是与边缘平行的话，则沿岸山脉将因水平推动而消失，在海岸山脉与陆块本部之间也不会出现硅镁质的窗户。其基本原理实和用来说明陆块内部同类现象的第33图一样，只要设想把它移到大陆边缘部分即可。今假定陆块先移向硅镁质层，形成了边缘褶皱，有时按不同的运动方向还出现逆掩褶皱、冲断层或雁行褶皱；再假定陆块后来又移离深海底，则海岸山脉自必与大陆分裂开来。如果运动是水平方向的，我们将看到具有水平移位的断层，而边缘山脉将发生纵向的滑动。在这种情况下，山脉也仍然粘附于固体化的深海底上。这种过程反映得特别清楚的是在德雷克海峡海深图(第14图)上的格雷厄姆地的北端。巽他群岛的最南一列，即从松巴岛(Sumba Island)—帝汶岛—西兰岛(Ceram Island)到布鲁岛一列也是这样，它以前虽然是苏门答腊岛前方岛屿向东南方向的延续部分，以后却从爪哇岛的侧面滑移过去,直至为逐渐靠拢的澳大利亚、新几内亚陆块所挡住。

加利福尼亚是另一个例子。加利福尼亚半岛在其旁侧的凸出部分显示出拉扯现象。这个凸出部分像是陆块朝东南方向推动的结果。半岛的北端因受到前方硅镁质的阻挠已经加厚到成为铁砧形,而整个半岛同加利福尼亚湾的轮廓比较起来似已大大缩短。据 E. 博斯和维提希(E. Wittich)的研究①,其最北部分仅是在最近才隆升出海面的,隆升的高度达 2000 米,足见其压缩的强烈程度。从轮廓看来,半岛的南端过去无疑是位于其前方的墨西哥海岸的缺口内的。从地质图上可以看到两处都存在着前寒武纪的侵入岩,但它们二者之间的同一性还没有得到证实。

除了半岛本身的缩短以外,看来还有一种向北方的滑动,②其紧接于北方的海岸山脉也参与了这个滑动。旧金山附近海岸线的显著凸出也可用同样的压缩来解释。1906 年 4 月 18 日旧金山大地震中产生的著名断层

① 见博斯的短文,发表于《墨西哥地质研究所汇刊》。
② 或许是大陆本部对硅镁质做向南移动,半岛相对地落后了。

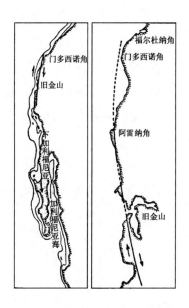

第 41 图　加利福尼亚州和旧金山的地震断层

是对这种见解的有力证明，如采自鲁兹基的第 41 图所示。[①] 这次断裂使东边部分向南移，西边部分向北移。实际测量的结果也和预期的相同，表示出这一急剧的移

---

① 　鲁兹基：《地球物理学》第 176 页，1911 年莱比锡出版。并可对照 E. 塔姆斯：《1906 年 4 月 18 日加利福尼亚地震的起源》（*Die Entstehung des kalifornischen Erdbebens vom 18. April，1906*）一文，1918 年《彼得曼文摘》第 64 期第 77 页。

动在离裂隙稍远的地方移动量逐渐减少，在更远的地方其移动量就小到无法记录了。当然在移动之前裂隙处的地壳已经在缓慢地不断运动中。劳孙（Andrew C. Lawson）曾把 1891 年和 1906 年两次移动中断层运动的方向作过比较，他根据阿雷纳角（Point Arena）测点组的观察，得出如第 42 图所示的结论：

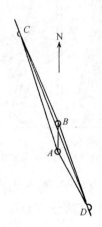

第 42 图　和裂隙斜交的一种地表物体的运动（劳孙）

即在 1906 年断裂面上的一个地表物体自 1891 年以来从 A 点移动到 B 点，约移动了 0.7 米的距离。以后由于裂隙的形成，这个物体分为两半，西半部向 C 点移动了 2.43 米，东半部向 *D* 点移动了 2.23 米。在 *A* 点与 *B* 点之间的连续移动（应看作是与北美大陆相对的运动），表明了大陆的西缘由于粘附在太平洋的硅镁层上总是不断向北方退后。裂隙只标志着一种对于压力的调节，并不能推动整个大陆块。[①]

与此相关，我们将讨论地壳上另一个研究得很少但极为有趣的部分，即中印半岛的大陆边缘。这里，苏门答腊以北的一个深海盆地特别引人注意。马六甲半岛的山脊和陡立的苏门答腊北端是相对应的，但即使把马六甲半岛拉直，也已不可能再把苏门答腊以北的那个暴露为窗形的硅镁圈覆盖住了。在窗形硅镁圈的前方还可看到安达曼岛山。对此我们显然必须作这样的假说：即喜马拉雅山系的巨大压缩对中印半岛山脉起了一种沿南北方向的拉力作用。在这种拉力的影响下，苏门答腊山脉的北端乃与半岛扯裂开来，其更北的部分（阿拉干山脉）就像绳的一头那样向北缩进大压缩带中去了，

[①]　劳孙：《加利福尼亚海岸山脉的移动》（*The Mobility of the Coast Ranges of California*）一文，载 1921 年《加利福尼亚大学学报》，第 12 卷第 7 期地质专号，第 431—473 页。

直到今天,还在不断拉缩着。在这种大规模的水平移动过程中,其两侧必然会形成各种不同的断裂面。令人注意的是:最外缘的一列岛山(安达曼与尼科巴群岛)牢固地粘附在硅镁层上,只是内列岛山才具有突出的移动。

第 43 图　中印半岛的海深图

最后,要谈谈为一般人所熟悉的太平洋型与大西洋型海岸的差别。大西洋海岸大多为高原台地的裂隙,而太平洋海岸则多属边缘山脉和其前方的深海沟。具有大西洋型构造的海岸，包括东非（含马达加斯加在内）、印度、澳洲西部与南部以及南极洲东部等地。具有太平洋型的海岸，则有中印半岛与巽他群岛的西岸、澳洲的东岸（包括新几内亚与新西兰）及南极洲西岸。西印度群岛（包括安的列斯在内）也是太平洋型。这两种类型不但结构不同，重力分布的状态也互异。[①] 大西洋海岸除了上述的大陆边缘外，均处于均衡补偿状态中，即漂浮的陆块是保持着均衡的。在太平洋海岸上则不然，重力分布常常是不均衡的；并且，大西洋海岸上一般少地震与火山作用，而太平洋海岸则地震与火山喷发都很频繁；即使大西洋型海岸上有火山喷发，其喷出的岩浆据贝克的研究也和太平洋火山喷出的岩浆有一系列矿物学上的差异。它们大都比较重些，含铁也多些，看来是从地层更深处喷发出来的。[②]

　　按照我们的见解，大西洋岸都是中生代和中生代以

---

① O. 梅斯纳尔：《地壳均衡与海岸类型》(*Isostasie und Küstentypus*)，1918 年《彼得曼文摘》第 64 期第 221 页。

② 彭克又从中区别出第三种更重的岩浆，他称之为北极地岩浆，认为其发源地当在更深之处，见所撰《地球上山脉的起源》，载 1921 年《德国论评》。

后由于陆块分裂而形成的。海岸前方的海底显示出一种出露较新的硅镁层面,因此应该认为是较具流动性的。这样看来,这些海岸处于均衡补偿状态也就不足为奇了。再者,由于硅镁质的较大流动性,大陆边缘对移动的抵抗力小,所以没有褶皱,也没有挤压,不发生海岸山脉或火山作用,地震也不致发生。也就是说,这是因为流动的硅镁质可以始终依顺各种可能的运动。夸大些说,在这里的大陆块就像浮在水中的固体冰块一样。

大陆漂移的动力

虽然初看起来大陆的漂移显出一幅极为复杂的各种运动的情景,但却只有一条大原则:即大陆块移向赤道和向西漂移。因此我们应该分别考察这个运动的两种分力。

大陆的导向赤道的运动即离极运动,已被不少学者特别是克莱希高尔[①]和泰罗[②]所假定。这种运动在较大的陆块上比在较小的陆块上更易看出,而在中纬度地带最为强大。它在欧亚大陆上的喜马拉雅山及阿尔卑斯山第三纪大褶皱带的排列上表现得特别明显。这些山系当时形成在赤道上,并表现为亚洲东岸的凸

　　[①]　克莱希高尔:《地质学上的赤道问题》,16 页,1902 年希太尔出版。

　　[②]　泰罗:《第三纪山带对地壳起源的意义》(*Bearing of the Tertiary Mountain Belt on the Origin of the Earth's Plan*)一文,载 1910 年《美国地质学会会刊》第 21 卷第 179—226 页。

出压缩轮廓。离极漂移在澳洲也很清楚。由于澳洲向西北方漂移,使一系列的岛屿变形,形成巽他群岛、新几内亚的高大而年轻的山脉以及落后于东南方的古花彩岛——新西兰。在北美洲,离极运动形成了格临内耳地的相对于格陵兰(或拉布拉多的相对于南格陵兰)的向西南漂移,还表现为分离开的加利福尼亚海岸山脉的初步纵向压缩以及与此有关的旧金山的地震断层。即使小陆块如马达加斯加也向赤道移动,因为它已从与非洲大陆开裂时的位置移向东北了。当然,这也可能是被硅镁岩流所带动的结果。今日的非洲和南美洲位于赤道上,它们在经线上的移动很小。南美洲在第三纪时经受到大规模移动,并隆起了南美洲安第斯山。这种移动对当时的地极来说是朝向西北方向的,因此也是一种离极运动。南极洲可能也有同样的情况。

从第三纪到今天,雷牟利亚大陆的压缩从它的最初阶段看来也是一种离极移动。当然今日它位于赤道以北 10°~20°,因此离极移动只能减少其褶皱。由于我们只能决定其相对的移动,所以如何理解这个运动还很难说定。或许印度是被北流的硅镁层挤到亚洲的内部去的，也可能大部分褶皱是亚洲的离极移动所产生的。后一说似较前一说更为正确些。

另一个分力，即大陆的向西漂移，一看世界地图就很清楚。大陆块在硅镁质中向西移动，因此石炭纪时原始大陆的前缘（美洲），就已因受黏性硅镁质的阻力而褶皱起来（前科迪勒拉山系）。原始大陆的后缘（亚洲）则脱落下了沿海山脉与碎片，它们牢牢地粘附在太平洋的硅镁底上，成为岛群。太平洋东岸与西岸间的这种对照在今日是十分明显的。在东亚，很多边缘山脉的脱落与遗弃过程在此发生，还有经线方向的压缩，因此差异就特别显著。向南伸延的中印半岛与巽他群岛大陆瓣，因大陆的向西漂移而相对地落后于东方。在同一方向上，锡兰岛也脱落于印度南端。在南边的澳大利亚区也发生了相同的过程，表现为新西兰花彩岛的落后和澳洲大陆的向西北推进。在美洲东岸也遇到和东亚海岸同样的现象，安的列斯岛成为落后在东方的中美花彩岛的一个良好例子。

在这里，值得注意的是，较小的岛屿落后得更远。佛罗里达大陆棚和格陵兰的南端也都遗留在后方。在南美洲,阿布罗刘斯浅滩由于落后在东方而从大陆底上升起。德雷克海峡附近地区由于大陆尖端拖有长尾而联结的岛链远留在后方,这已成为说明向西漂移的典范例子。在非洲,大陆的向西漂移表现为小陆块马达加斯加(它结合着离极漂移形成东北向的移动)的落后于东方。近代的东非断裂系统(马达加斯加的分离只是其中的一部分),也许可以和大陆的向西漂移联系起来,虽然这里所指的已不是花彩岛而是大陆块了。在非洲西岸,加那利群岛和佛得角群岛看来确是在最近时期才开始从大陆脱落下来而向西分离的。但这个硅镁层的向西小推进可认为是大西洋开裂时硅镁层普遍流动的结果。这仅能理解为大西洋硅镁层面在开裂过程中曾像橡皮一样拉长,或是有一股硅镁层主流注入了裂隙的缘故。

所有一切的陆块移动是否都可以用离极漂移与向西漂移两种分力来解释,实在还不能断言。但总之,地壳的主要运动显然可归功于这两种分力。

此外,硅铝壳内裂隙的分布想来必有一定的系统,因为裂隙的漂移是相互关联的。向西的漂移自然与经线方向裂隙相对应,而离极漂移也可以产生经线方向的裂隙,特别是那些伸延到极地的裂隙。事实上如上文所述,断层谷与裂隙都是趋向南北,例如东非断层系统、莱茵河谷,特别是大西洋的开裂等。裂隙延伸到极地的现象至少在以往的南极是存在的。南美洲、非洲及印度南端的尖尾就反映这种情况。但这仅指一般的系统排列,也还有不少具体的例外。

　　至于产生这些移动、褶皱与断裂的究竟是什么动力的问题,我们还不能作肯定的回答。这里仅能就有关这方面的研究的现状介绍一下。

　　第一个宣称有一种力把陆块推向赤道的是姚特佛斯(Eötvös),他曾注意到这样一个事实,即:"在经线的面上垂直方向是弯曲的。其凹进的一边向着地极,而漂浮的物体的重力中心比被挤开的流体的重力中心位置较高。这样一来,漂浮的物体受到两种不同方向的力的作用,它们的合力就是从极地指向赤道,因此大陆就产生了向赤道移动的倾向。这种移动也就产生了如普耳科沃天文台所推测过的纬度的常年变化。"[①]

　　在完全不知道上述这个容易忽视的小文章的情况

---

　　①　见 1913 年《第十七次国际大地测量会议汇报》(*Verh. d.* 17. *Allg. Konf. d. Internat. Erdmessung*)第 1 卷第 111 页。

下,柯本探讨了离极漂移的动力的性质及其对大陆漂移的重要性。他虽没作任何计算,却作了如下的记述:"……地壳各层面的扁平度随着深度的增加而减少,它们并不相互平行,而是稍稍相互倾斜。但在赤道上和极上它们却和地球半径相互垂直。"[①]第 44 图为一极（P）与赤道（A）之间的一个经线上的剖面,对极作凹形弯曲的断线是 O 点上的重力线或铅垂线。C 是地球的中心点。

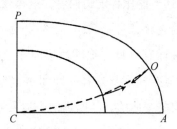

第 44 图　地表水准面与弯曲的铅垂线

----

① 柯本:《大陆漂移与地极游动的起因与过程》(*Ursachen und Wirkungen der Kontinentalverschiebungen und Polwanderungen*)一文,载 1921 年《彼得曼文摘》第 145—149 页及第 191—194 页,特别注意第 149 页。又《地质时代地理纬度与气候变化》(*Über Änderungen der geographischen Breiten und des Klimas in geologischer Zeit*)一文,载 1920 年《地理双月刊》(*Geografiska Annaler*)第 285—299 页。又《关于古气候学》(*Zur Paläoklimatology*)一文,载 1921 年《气象杂志》(*Meteorologische Zeitschr*)第 97—101 页(其中附有另一图表)。

一个浮体的浮力中心是位于被排除的媒质的重力中心上的。相反的,浮体本身的重心则位于物体自身的重力中心上。每一种力的方向都与其作用点的平面成直交,因此两种力的方向不是完全相反,而是产生一种不大的合力。若浮力中心位于重力中心的下方,则合力指向赤道。因为陆块的重心位于表面以下很远处,所以浮力与重力并不与陆块表面的平面垂直,而略向赤道的方向倾斜。浮力比重力倾斜得更大一些。凡是浮体的重力中心位于浮力中心上方者,都适用这个原理。同样,如果重力中心位于浮力中心的下方,则两种力的合力必指向两极。因此,在一个旋转的地球上,只有两点合一时,阿基米德原理才是完全正确的。

爱泼斯坦(P. S. Epstein)第一个计算了离极漂移的力。[①] 他认为纬度 φ 上的 K 力应是:

$$K\varphi = -\frac{3}{2}md\omega^2\sin 2\varphi,$$

这里 m 为陆块的质量, d 为深洋底与大陆地面高差之半

---

① 爱泼斯坦:《关于大陆的离极漂移》(*Über die Polflucht der Kontinente*),载 1921 年《自然科学》第 9 卷第 25 期第 499—502 页。

(即等于陆块的重力中心面与被排挤的硅镁质的重力中心面之高差),ω 为地球自转的角速度。

他因为要从大陆块移动的速度 v 求得硅镁层的黏性系数 μ,就用上式由一般公式 $K = \mu \dfrac{v}{M}$(式中 M 为黏性层的厚度)得下式:

$$\mu = q\, \frac{sdM\omega^2}{v},$$

式中 q 为陆块的比重,s 为其厚度。如用下列最极端的数值代入,

$$q = 2.9$$

$$s = 50\ \text{千米}$$

$$d = 2.5\ \text{千米}$$

$$M = 1600\ \text{千米}$$

$$\omega = \frac{2\pi}{86164}$$

$$v = 33\ \text{米 / 年}$$

则得硅镁层的黏性系数为

$$\mu = 2.9 \times 10^{16}\,\text{g/cm. sec}$$

此值约为室内温度中钢的黏性系数的三倍。据此,他作

了如下的结论:"综合上述结果,可知地球旋转的离心力确能产生如魏格纳所示的离极漂移,而且一定会发生。"但对于赤道的褶皱山系是否也可以用离心力来解释,则爱泼斯坦的回答是否定的。因为这个力仅相当于地极与赤道之间 10～20 米的表面倾斜的力,但山脉的隆升达数千米的高度,相应的硅铝块又沉降到极大的深度,都需要大量的力对重力起反作用,而离极漂移的力是不足的,它只能产生 10～20 米高的小丘罢了。

差不多与爱泼斯坦同时,兰伯特[①]曾计算过离极漂移力,得出大致相同的结果。他算出在 45°纬度处的离极漂移力为重力的 300 万分之一。由于漂移力在这个纬度上达最大值,所以对于一个长形的斜卧的大陆来说,漂移力定能使之发生旋转。在 45°纬度与赤道之间使其长轴转向东西方向,而在 45°纬度与极地之间则转向南北方向。"当然所有这些都还只是推理性的,它是以下述的假定为基础的。即假定大陆块是漂浮在一种

[①]　兰伯特:《有关地球力场的一些力学上的奇异现象》(*Some Mechanical Curiosities connected with the Earth's Field of Force*)一文,载 1921 年《美国科学杂志》(*Amer. J. Sci.*)第 2 期第 129—158 页。

黏性液体的岩浆上,且假定岩浆的黏性具有古典黏性学说的含义。

按古典黏性学说,一种液体不管其黏性怎样大,总会因受到任何一种即使是极小的力的作用而变形,只要具有足够长的作用时间。上文已经提到过地球重力场的特性,其作用的力是极小的,而地质学者可以允许我们把这个力的作用时间假定为非常漫长,但液体的黏性则可能与古典学说所主张的具有不同的性质,因此不管作用的时间多么长,这个力可能微小到达不到使液体变形的一定限值。黏性问题是一个复杂的问题,古典黏性学说既未对观察到的事实予以适当的解释,而我们现在所有的知识也不允许我们作出任何断语。

总之,向赤道方向的力是存在的。至于这种力对于大陆位置与形状是否有显著的影响,这是要让地质学家来决定的问题。"

最后,施韦达尔①也计算过离极漂移力。他计算出

---

① 施韦达尔:《对于魏格纳大陆漂移学说的探讨》一文,载 1921 年《柏林地学会杂志》第 120—125 页。

在 45°纬度上这个力的值为 $\frac{1}{2000}$ 厘米·秒$^{-1}$，即相当于陆块重量的 $\frac{1}{2000000}$。他说："这个力是否足以推动大陆漂移，很难断定。无论如何，它是不能解释向西漂移的。由于速度太小，它不能产生地球自转时任何显著的西向偏斜。"

施韦达尔认为爱泼斯坦计算出的每年 33 米的漂移速度太大了，因此得到的硅镁层的黏性值嫌小，如果采用较小的速度就能得到合乎要求的较大的黏性值。他说："如果我们假定黏性系数为 10^{19}（不是爱泼斯坦的 10^{16}），并假定仍用爱泼斯坦的公式，则我们可得出大陆块在 45°纬度处的漂移速度为每年 20 厘米。总之，在这个力的影响下大陆向赤道漂移是有可能的。"

综合上文所述，对于离极漂移的力的存在及其大小已不致有任何怀疑。它的最大值（在 45°纬度上）约为地球重力的二三百万分之一，仍然大于水平潮汐力的四倍。且此力和常有变化的潮汐力不同，而是在千百万年中不断地作用着，只要它不是小于能够产生运动的最小力值（这一点我们实在不知道），它就能够在漫长的地质时期中战胜地球的钢铁似的黏性。我们已经说过,大陆块像是蜜蜡,硅镁层像是火漆,则产生运动所需的最小力值在硅镁层中应当比在硅铝块中小得多。因此,我认为在地质时期中在离极漂移力的作用下,大陆块确曾在硅镁层中发生过显著的漂移。但这个力是否足以解释赤道山系的形成是很值得怀疑的,显然爱泼斯坦的研究成果还不能作为对这个问题的定论。

对于有关大陆向西漂移的力的讨论,这里可以较简短地叙述一下。很多作者,如施瓦尔茨和惠兹坦因等认为地球上由于日月引力所产生的潮汐摩擦作用是核心外的整个地壳向西转动的原因。人们常常设想月球过去旋转得较今日快,只是由于地球的潮汐摩擦而缓慢下来。显而易见,一个星体由于潮汐摩擦而减缓旋转速度必然对其表层影响特别显著,引起整个地壳或各个大陆块的缓慢的滑动。这里成问题的只是这种潮汐到底是否存在。根据施韦达尔的研究,地球固体的潮汐变态可以从水平摆上察觉出来。这种变态属于另一种,即弹性的变态,并不能用来直接说明大陆块的移动。但我相信,由于硅镁层具有黏性,这种弹性潮汐有可能对地壳移动给予冲击。这种移动虽然极为微小,不能逐日观察出来,但日积月累,在数百万年的过程中仍然足以引起显著的移动。因为,毫无疑问,我们不能把地球看作和潮汐一样完全是弹性的。据著者看来,单是确认固体地球上每日的潮汐具有弹性,这个问题也还不能说已经获得解决。

施韦达尔还用另一种方法(也和日月引力有关),即根据地轴的行进学说(Procession theory of earth's axis),获得了影响大陆向西漂移的一种力。[①]他说:"地球旋转轴在日月引力下行进的学说认为,地球的各个部分相互间不会产生很大的相对移动。如果承认大陆相互间有移动,则计算地轴在空间上的运动将更为困难。这样一来,就必须把个别大陆的旋转轴与整个地球的旋转轴区别开来。我曾计算过大陆旋转轴的行进位于纬度－30°至＋40°及西经0°～40°之间,比整个地球旋转轴的行进要大220倍。大陆具有与一般旋转轴不同的绕轴旋转

———————

[①]　施韦达尔:《对于魏格纳大陆漂移学说的探讨》,1921年《柏林地学会杂志》第120—125页。

倾向。因此它不仅存在着南北向的力,还存在着向西方的力而试图把大陆推动。南北向的力每天有变化,不涉及我们的问题,这个力比离极移动的力要大得多。它在赤道上最大,在 36°纬度为零。我希望以后有可能对这个问题作更确切的叙述。按理说在这个力的影响下,大陆的向西漂移也不是不可能的。"上述仅仅是一个初步的探讨,要得到一个结论性的意见,还得等待详细论著的发表。但看来地球上最清楚不过的移动——大陆的向西漂移肯定是可以用日月引力作用于黏性的地球上来解释的。

但施韦达尔从重力测定上看到地球的形状与旋转椭球的形状不同,他认为这就引起了硅镁层内部的流动,因此也形成了大陆的漂移。他说:"人们还推测硅镁层有流动,至少在较早的时期中是如此。"黑尔茂特在其最新论著中,从地球表面重力的分布论证地球是一个三轴椭球体。赤道形成一个椭圆,它两轴的长度差仅为230 米,长轴与地球表面交会于西经 17°(大西洋中),短轴则交会于东经 73°(印度洋中)。按拉普拉斯与克来劳特(Clairaut)的理论(它在测地学中还没有过时),地球是由近于液体的物质造成的,即固体地球内的压力(地壳除外)具有静水压的性质。从这个观点看来,黑尔茂特的结论是不能理解的。有扁平度和旋转速度的静水压结构的地球不可能是一个三轴椭球体。地球的不同于一般旋转的椭球体可以认为是有了大陆的缘故,但实际上并非如此。若假定大陆是漂浮的,其厚度为200千米,硅铝层与硅镁层的密度差为0.034(水的密度为1),计算结果表明陆海分布所产生的地球形状与旋转椭球的偏差值比黑尔茂特所得的数字小得多。赤道椭圆的轴和黑尔茂特的轴完全不同,其长轴交会在印度洋上。因此地球的大部分一定和静水结构有所出入。

"按我的计算,如果在大西洋下面的厚200千米的硅镁层密度比印度洋下面的高出0.01,则黑尔茂特的结论是可以成立的。但这种情况并不能长期保持,硅镁层必有流动,以恢复旋转椭球体的均衡状态。显然,密度差这么小,很少有产生这种流动的可能性,但赤道的椭圆率、硅镁层的密度差及其流动在较早时期中可能比现在重要些。"

不必细说就可以明白,从黑尔茂特的工作所推算出来的动力可以说明大西洋的开裂,因为大西洋区地壳似经隆升,而陆块自必向西边流开。

但这里不妨把可以看作是施韦达尔见解的引申的另一看法提出:即地球表面的隆升于均衡面以上自然不限于赤道区,它在地球上到处都可以发生。在第8章中讨论海进与地极移位的关系时,我们已经指出,在移动的地极的前方,地球表面的位置必将过高,在其后方则必将过低,而地质学上的事实似乎证实着这些高低不同是存在的。高低差的数量和黑尔茂特所得的赤道长轴超过短轴的数量是相同的,或许数倍于后一数值。当地极运动较快时,在地极前方的地球表面看来要高出均衡位置以上数百米,而在地极的后方则低于数百米。最大的倾斜(一个地球象限为1千米)将出现在地极移动的经线与赤道的交会点上,而两极的倾斜大概也差不多大。这样,把陆块从过高处推向过低处的力就显现出来了。这种力约为正常离极移动力(如为陆块时,约相应于每一地球象限)的很多倍。这种力和离极移动力不一样,它不仅作用于大陆块上,还作用于其下方的容易流动的硅镁层上,而在硬固的地壳下面保持着均衡。但由

于有倾斜存在(海进与海退是其证明),这种力在大陆块上面也必然起作用,形成大陆块的移动与褶皱,虽然这种运动可能比下方流态物质的相应运动为小。如果说,正常的离极移动力确是仅可以推动大陆块在硅镁层中移动,而不足以产生褶皱的话,那么我想由于地极移动而产生的地球变形的这一种力源还是足以造成褶皱的。

鉴于地球上两次大褶皱即石炭纪褶皱与第三纪褶皱恰恰形成于地极移动最快和范围最大的时候(南极在下石炭纪到二叠纪时从中非洲移动到澳洲,北极在下第三纪到第四纪时从阿留申群岛移动到格陵兰),这个解释就显得特别恰当了。

综上所述,不论过去和现在,形成大陆漂移的动力问题一直是处在游移不定的状态中,还没得出一个能满足各个细节的完美答案。但有一点肯定是正确的:即大陆漂移、褶皱与断裂、火山作用、海进与海退以及地极的移动,其形成原因必然是相互关联的,表现在地球历史的某一时期中,这些运动总是同时增强的。其中只有大陆漂移这一运动的成因,除了内在的原因外,还受外在的宇宙因素的作用。因此我们似乎应该把宇宙因素看作是第一种动力，是各种变化的根本原因。但以后的关系就趋于复杂了。我确信大陆漂移是地极移动的直接后果（虽然施韦达尔反对此说，认为这种漂移只是同等物质的位置交换）。大陆块由于其重心位置较高而具有较硅镁层（被大陆块所排挤的）更长的轴距离，也就具有更大的旋转矩。因此据我看来，地球的惯性轴必然受大陆漂移的影响。但我们在上文说过，地极移动会依次产生另一种大陆漂移。那么这种大陆漂移也会反过来产生地极位置的移动。这样就产生了复杂的交互关系，其总的影响在今日已不容忽视的了。

下 篇

学习资源

Learning Resources

扩展阅读

数字课程

思考题

阅读笔记

扩展阅读

书　名：海陆的起源（全译本）

作　者：[德]魏格纳　著

译　者：李旭旦　译

出版社：北京大学出版社

全译本目录

数字课程

请扫描"科学元典"微信公众号二维码，收听音频。

思考题

1. 魏格纳是如何从天文学转向气象学再转向地质学的?

2. 海陆固定论与活动论之间的区别是什么?

3. "大陆错位"理念对大陆漂移学说的产生起到什么作用?

4. 古地磁测试技术和声呐技术对于唤起人们重视大陆漂移学说起到了什么作用?

5. 大陆漂移学说的基本内容有哪些?

6. 大陆漂移学说与冷缩说、陆桥说、大洋永存说之间有什么关系？

7. 大陆漂移学说的地质学证据是什么？

8. 大陆漂移学说的古生物学和生物学证据是什么？

9. 如何解释一系列大陆边缘现象？

10. 大陆漂移的动力是什么？

阅读笔记

科学元典丛书

已出书目